中国地质大学(武汉)实验教学系列教材

地理空间数据生成与应用实习指导书

DILI KONGJIAN SHUJU SHENGCHENG YU YINGYONG
SHIXI ZHIDAOSHU

主　编　杨　雪
副主编　周　琪　郑贵洲　关庆锋

图书在版编目(CIP)数据

地理空间数据生成与应用实习指导书/杨雪主编. —武汉：中国地质大学出版社,2024.9. —ISBN 978-7-5625-5975-7

Ⅰ.P208

中国国家版本馆 CIP 数据核字第 2024E51V00 号

地理空间数据生成与应用实习指导书	杨　雪　主　编
	周　琪　郑贵洲　关庆锋　副主编
责任编辑:沈婷婷　　　　选题策划:沈婷婷	责任校对:宋巧娥

出版发行：中国地质大学出版社(武汉市洪山区鲁磨路388号)　　　邮编:430074
电　　话:(027)67883511　　　传　　真:(027)67883580　　　E-mail:cbb@cug.edu.cn
经　　销:全国新华书店　　　　　　　　　　　　　　　　　　　http://cugp.cug.edu.cn

开本:787 毫米×1092 毫米　1/16　　　　　　字数:243 千字　　印张:9.5
版次:2024 年 9 月第 1 版　　　　　　　　　　印次:2024 年 9 月第 1 次印刷
印刷:武汉邮科印务有限公司

ISBN 978-7-5625-5975-7　　　　　　　　　　　　　　　　　　　定价:28.00 元

如有印装质量问题请与印刷厂联系调换

序

  在全球数字化背景下,发展时空信息新型基础设施已成为经济社会高质量发展的必然选择。轨迹数据是被定位设备记录的实体对象在一段时间内的位置信息,包含了个体行为习惯、群体拥堵情况等丰富的内容。随着消费级位置传感器技术的不断成熟与广泛应用,大范围、规模化的轨迹大数据日积月累,在城市规划、智能交通、商业决策和便民服务等方面蕴藏巨大的价值。

  本书由中国地质大学(武汉)地理与信息工程学院杨雪副教授主编,周琪、郑贵洲和关庆锋教授参编,全书内容综合反映了笔者在轨迹大数据挖掘与知识发现方面多年的研究成果。本书从数据获取、处理、应用等方面介绍了轨迹大数据的处理与应用理论和技术实操流程,涵盖了具体案例实践操作方法的最新流程,兼具实用性和先进性。本书对测绘地理信息专业本科生培养具有一定的指导意义。也可供空间数据分析与处理等相关领域的读者参考。

2024 年 9 月 20 日

前　言

"数字时代",数据驱动万物,从而形成了"数据是新石油"的新认知。我国《"十四五"数字经济发展规划》明确了"数据"对推动社会和经济进步的核心作用,强调其"三新"价值和潜能,包括"新资源""新资产""新资本"。地理空间大数据作为数字时代量产的一种典型数据,是构建数字城市、智慧出行的重要信息源,具有海量繁杂、多源异构、信息丰富等特点。理解并掌握地理空间大数据的获取、处理、应用等理论技术方法,是实现"数据新石油"挖掘与提取的重要前提,也是实现由"数据"通往"财富"的必经之路。本书以时空轨迹大数据为地理空间大数据样例,从数据源获取、数据特色分析、数据空间参考转换、数据应用为等角度,全面系统地介绍了地理空间数据生产和应用理论与实践方法,包括地理空间数据介绍、时空轨迹数据处理、轨迹大数据地图匹配、轨迹大数据应用。全书遵从理论介绍、实习任务发布、实习详细步骤介绍的逻辑主线,每一章叙述从具体问题入手,由浅入深,阐明思路,便于读者掌握地理空间数据生产和应用具体理论与方法,学习面向轨迹大数据的应用案例实操。本书主题内容和章节设置由关庆锋教授指导完成,书中前言、1—4章主要由杨雪编写,周琪、郑贵洲进行校稿;5、6章由杨雪编写,吴承恩、钟磊提供实验结果截图。全书由杨雪、周琪、郑贵洲、关庆锋统稿和定稿。本书是地理空间信息工程专业参考书,适用于高等院校地理空间信息工程、地理信息科学、泛在测绘等相关专业的本科生。

本书的编写和出版得到了国家自然基金面上项目《基于多模态时空大数据的城市行人路网智能画像》(编号:42271449)和中国地质大学(武汉)学科建设经费资助;本书在编写过程中,参考和引用了国内外代表专著、教材、公开文献和内部研究资料;初稿完成后得到了周琪、郑贵洲、关庆锋教授的审阅,他们提出了宝贵的修改意见;吴承恩硕士、范响硕士、燕朝硕士、郑晓芸硕士、钟磊学士进行了大量的资料收集和图件清绘等工作,在此一并致谢!

由于笔者学识有限和经验不足,书中难免会有认识不足之处,恳请各位专家、笔者以及读者同仁不吝指正,作者在此表示感谢。

杨雪
2024 年 9 月

目 录

1 地理空间数据介绍 ……………………………………………………… (1)
  1.1 概　述 ………………………………………………………………… (1)
  1.2 地理空间数据来源 …………………………………………………… (3)
  1.3 地理空间数据特点 …………………………………………………… (7)
  1.4 地理空间数据应用——以时空轨迹数据为例 ……………………… (9)

2 时空轨迹数据处理 ……………………………………………………… (11)
  2.1 轨迹数据误差来源及清洗方法 ……………………………………… (11)
  2.2 实习任务与内容 ……………………………………………………… (22)
  2.3 实习技术路线与原理分析 …………………………………………… (25)

3 轨迹大数据地图匹配 …………………………………………………… (36)
  3.1 地图匹配基础原理介绍 ……………………………………………… (36)
  3.2 实习目的和要求 ……………………………………………………… (41)
  3.3 实习任务和内容 ……………………………………………………… (41)
  3.4 技术路线与原理分析 ………………………………………………… (46)

4 轨迹大数据应用1：居民出行模式分析 ………………………………… (77)
  4.1 居民出行OD点对提取 ……………………………………………… (77)
  4.2 居民出行OD点对聚类算法介绍 …………………………………… (82)
  4.3 基于DBSCAN聚类算法的居民OD点聚类实例 ………………… (94)
  4.4 基于聚类OD点数据的居民出行模式分析 ………………………… (99)

5 轨迹大数据应用2：道路交通流量分析 ………………………………… (114)
  5.1 道路交通流量评估方法介绍 ………………………………………… (114)
  5.2 基于轨迹数据的道路交通流量评估 ………………………………… (117)
  5.3 城市道路交通流量时空分析 ………………………………………… (125)

主要参考文献 ……………………………………………………………… (142)

1 地理空间数据介绍

1.1 概 述

地理空间数据是地理信息科学的基石,它涉及所有能够与地球表面或大气层中的特定位置相关联的数据集合。这些数据在广义上不仅包括了传统地理坐标系统中的位置信息,如经度和纬度,还涵盖了垂直维度上的高程、水下深度等,以及与这些地理位置紧密相关的多种属性数据和时间信息。这些属性数据涵盖了物体、事件和现象的各种特征,如气候条件、道路交通状况、土地使用情况、建筑物功能、人口统计数据等。时间信息则记录了这些位置和属性在何时何地存在及它们随时间的变化情况。这些位置信息、属性数据和时间信息共同构成了一个多维度、多尺度、多时态的地理空间信息网络。在地理空间数据的范畴内,传统地理坐标系统提供了一个基本的参考框架,使得数据能够在地球表面进行精确的定位。这一框架通常由地理坐标系统和地图投影系统(如墨卡托投影、等面积投影等)共同构成,它们使得地球这个三维实体能够在二维平面上被有效地表达和分析。

地理空间数据主要有矢量数据和光栅数据两种类型。矢量数据是一种基于数学模型的地理空间数据表现形式,它通过点、线、面等几何元素来描述地理特征的形状和位置。其中,点元素用于表示特定的地理位置,如城市、建筑物或地质采样点。每个点都有一组坐标(如经纬度),并且可以包含相关的属性信息,如人口数量或建筑物的类型。线要素用于表示地理特征的线性形状,如道路、河流或边界,它由一系列的点组成。这些点定义了线的起点、终点和中间的所有转折点。面要素用于表示地理特征的区域,如湖泊、森林或行政区域等。该要素通常由封闭的线条(即多边形)定义,可以包含诸如土地覆盖类型、植被分布等属性信息。矢量数据的主要优点在于它的简洁性和可编辑性,非常适合进行空间分析,如缓冲区分析、叠加分析和网络分析等。此外,矢量数据在显示比例和细节方面具有很高的灵活性,可以根据用户的需要进行缩放,而不会失去细节信息。光栅数据,又称为像素数据或图像数据,是一种基于网格的地理空间数据表现形式。它由规则排列的像素(或称为单元格)组成,每个像素包含一个或多个数据值。这些值可以代表不同的地理特征,如地表温度、植被指数和海拔高度。光栅数据的主要优点在于它的连续性和易于进行空间插值。光栅数据通常来源于遥感卫星和航空摄影,能够提供高分辨率的空间覆盖,适合用于地表特征的监测和分析。例如,单波段图像每个像素包含一个单一的数据值,通常用于表示灰度图像或分类图像,如土地利用分类图。多波段图像的每个像素包含多个数据值,每个值对应一个波段,通常用于表示彩色图像或进行更复杂的遥感分析。多维光栅数据除了空间维度外,还可以包含时间维度,用于表示随时间变化的地理现象，如气候变化或城市扩张。

在地理信息科学的实践中，矢量数据与光栅数据之间的转换是一项常规的技术操作，它允许数据在不同的分析方法和软件平台之间流动，以适应特定的应用需求。矢量数据到光栅数据的转换，通常称为栅格化，涉及将矢量要素的几何形状转换为像素阵列，其中每个像素代表要素的一部分。这一过程的精度取决于输出光栅数据的分辨率，即每个像素的地面面积。同时，矢量要素的属性信息也需要映射到光栅数据的像素上。例如，一个表示不同类型的植被覆盖的矢量要素，其属性可以在光栅数据中以不同的像素值来表示。栅格化的光栅数据常用于将精确的地理要素表示为图像，以便于可视化、空间分析或与其他光栅数据层进行叠加分析。光栅数据到矢量数据的转换，称为矢量化，它可以是手动的或自动的。传统的屏幕矢量化涉及手动追踪光栅图像中的特征，如地图上的河流、道路和边界，并将它们转换为矢量要素。而现代 GIS(Geographic Information System)软件通常提供自动矢量化工具，这些工具采用图像处理技术来识别和追踪光栅数据中的几何特征，并将它们转换为矢量要素。对于遥感影像等光栅数据，通过分类和解译可以识别不同的地表特征，并将它们转换为具有特定属性的矢量要素。然而，光栅数据到矢量数据的转换可能会受到原始光栅数据质量的影响，如图像分辨率、传感器噪声和分类准确性等。在进行矢量数据与光栅数据的相互转换时，需要考虑数据丢失的问题，因为在转换过程中可能会丢失一些信息，如光栅数据的连续性和矢量数据的精确几何形状。此外，必须考虑输出数据的尺度和分辨率，以确保它们适合预期的分析和应用。不同的 GIS 软件可能提供不同的转换算法，这些算法在处理速度、精度和输出质量上可能有所不同。同时，在转换过程中应尽可能地保留元数据，以便于满足后续分析和数据溯源的需要。

地理空间数据的表现形式多种多样，其中图形数据是最为直观的一种。例如，地图作为地理空间数据的传统载体，通过点、线、面的组合，将地理现象在二维平面上进行表达。卫星影像则提供了地球表面的高分辨率视觉信息，使得使用者能够观察到地表的细节和变化。三维模型更是通过模拟真实的地形和地物，为地理空间数据提供了更为立体和动态的展示方式。这些图形数据通过视觉化的方式展示了地理空间信息，极大地增强了人们对地理现象和空间关系的理解。除了图形数据，地理空间数据还包括大量的数字数据。这些数据通常以数值的形式存在，包括各种统计数据、测量数据、遥感数据等。统计数据如人口普查、经济指标等，为统计分析工作提供了关于人类社会活动的量化信息。测量数据则来源于地面或空间的测量活动，如地形测量、地籍测绘等，为地理空间数据提供了精确的空间参考。遥感数据通过分析从卫星或航空器上获取的电磁波信息，可以监测地表覆盖、植被生长、水体变化等多种自然现象。这些数字数据为科学研究和决策提供了精确的依据，确保能够对地理空间特征和变化进行定量分析与建模。

地理空间数据的获取方式可以分为专业测绘获取和众包模式采集两大类。其中，专业测绘获取的方法依靠传统的地理测绘技术和现代遥感技术来收集数据。专业测绘通常由政府机构、专业测绘公司和科研机构执行，使用高精度的仪器和设备，如全球定位系统(Global Positioning System,简称 GPS)、激光雷达(Light Detection and Ranging,简称 LiDAR)、地面测站和卫星遥感观测设备等。这些技术能够提供高精度、高质量的地理空间数据，适用于精确的地图制作、土地利用规划、环境变化监测等领域。例如,激光雷达技术可以生成高精度的地形和植被覆盖地图,而卫星遥感则可以提供覆盖全球的环境和气候变化监测数据。众包模式采集是一种新兴的地理空间数据获取方式,它依赖于广大公众的参与和贡献。众包模式采集获取的数据类型主要包括由矢量点、线、面等要素构成的开源地图数据(如 OpenStreetMap 数据)、出租车/网约车轨迹数据、社交媒体数据等。众包模式采集的优势在于成本低、更新快、覆盖广。此外,众包模式采集数据的多样性和广泛性使其在某些应用场景下具有重要的应用价值。例如,面临人道主义危机响应时,可以通过社交媒体平台采集的文本、图片、定位等数据,通过数据分析手段实现受灾区域的快速定位和灾害水平评估。未来地理空间数据的获取方式将趋向于综合化和智能化,如采用专业测绘和众包模式采集相结合的数据采集方式,旨在发挥两类数据采集方式的优势,提供更全面、精确和及时的地理空间信息。

  地理空间数据的应用已经成为现代社会不可或缺的一部分,其影响力横跨地理学、地质学、气象学等多个传统学科,并在城市规划与管理、环境监测与保护、农业发展、公共卫生、灾难响应、商业智能、交通物流、教育研究、国家安全,以及物联网与智能城市等新兴领域展现出巨大的潜力。这些数据使得地质学家能够分析地壳结构和矿产资源分布,气象学家能够模拟天气模式和预测气候变化并及时发布灾害预警,同时也为城市规划者提供了城市布局和基础设施建设的决策支持;在农业领域,地理空间数据助力精准农业的发展,优化作物种植和资源利用;在公共卫生领域,它帮助追踪疾病传播和优化疫情响应策略;灾难响应时,地理空间数据提供了关键的救援信息和风险评估;在商业领域,它通过市场分析帮助企业优化客户服务和运营效率。此外,在国家安全和国防领域,它对边境监控和战略规划至关重要。随着无人机遥感、人工智能、大数据分析和云计算等技术的发展,地理空间数据的应用将进一步扩展,为解决全球性问题和提升人类生活质量提供更加强大的支持。

  本次实习旨在通过对时空轨迹大数据的分析,让学生深入了解地理空间数据的生成原理及其在社会各领域的应用。时空轨迹大数据关注个体或物体在时间和空间上的动态变化,通常采用"位置-时间-属性"模式记录采集个体的出行活动信息。通过对出行轨迹大数据的分析,揭示移动目标在时间和空间上的移动规律和模式,进一步为智慧出行、城市规划等应用提供信息补充和决策参考。在实习过程中,学生首先学习地理空间数据的基础理论知识,包括数据的类型、来源、采集技术和处理方法。其次,学生将学习如何运用专业的地理信息系统(GIS)软件、数据分析工具、编程语言来处理和分析时空轨迹数据。通过对这些数据的深入挖掘,学生能够结合已学专业知识从数据结果中揭示居民出行的复杂模式和规律,理解地理空间数据为什么在当前社会发展中具有重要的应用价值。通过这次实习,学生将掌握如何从海量数据中提取有价值的信息,理解其隐藏的信息,并将其应用于实际问题的解决。通过本章的学习,学生将建立起对地理空间数据的初步认识,可为后续章节的深入学习和实习实践打下坚实的基础。

1.2 地理空间数据来源

  地理空间数据的获取可以通过专业测绘和众包模式采集两种方式。专业测绘依赖于高精度技术,如遥感影像、LiDAR 点云和差分全球卫星导航系统,常用于精细的地图制作和土地规划。众包模式采集则利用公众贡献的数据,如开源地图数据、交通轨迹和社交媒体数据等,以较低成本快速收集广泛覆盖的信息。这两种方式相辅相成,为地理空间数据的应用提供了丰富而多样的资源。

1.2.1 专业测绘手段采集的地理空间数据

专业测绘手段采集的地理空间数据是地理信息科学中最为传统和精确的数据获取方式。这种方法通常由政府机构、专业测绘公司或科研机构执行,由受过专业训练的人员操作,依赖于一系列高精度的测量技术和设备,以确保所收集数据的质量和可靠性,如图 1.1 所示。采用专业测绘手段获取的地理空间数据类型主要包括高分辨率遥感影像、高精度 LiDAR 点云数据、差分 GNSS(Global Navigation Satellite System,全球卫星导航系统)轨迹数据、地面测站数据和摄影测量学数据等。其中,高分辨率遥感影像数据通过航空器或卫星搭载的遥感传感器捕获,能够提供地表的详细图像。这些图像在土地利用分析、城市规划、环境监测和农业管理中至关重要。LiDAR 点云数据利用激光雷达技术,通过测量激光脉冲的反射时间来获取地表的精确三维坐标,它在地形测绘、洪水模拟、城市三维建模和林业资源评估中发挥着重要的作用。差分 GNSS 轨迹数据,结合了全球导航卫星系统和地面基站提供的校正信息,能够提供厘米级的定位精度,适用于精密工程测量、自动驾驶车辆测试、船舶导航和地质灾害监测等场合。地面测站数据可通过传统的三角测量和水准测量技术,确定地球表面特定点的精确位置和高程,为建立国家或地区的控制网和地形测绘提供了基础。摄影测量学数据,通过分析不同视角的图像来确定物体的位置和形状,广泛应用于地形测绘、建筑测量和文化遗产记录。

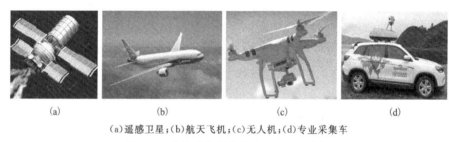

(a)遥感卫星;(b)航天飞机;(c)无人机;(d)专业采集车

图 1.1 专业采集设备获取地理空间数据

通过专业测绘手段获取的地理空间数据因其精确性和可靠性,通常用于需要精确地理信息的场景,如 1∶500 地形图生成、全国土地普查、地质灾害监测等。然而,专业测绘方式获取地理空间数据也面临着一系列挑战。首先,高昂的成本限制了其广泛应用,尤其是对资源匮乏的地区或小型项目。其次,专业测绘方式因对采集人员专业知识要求高、设备数量有限等原因,造成数据获取时间成本高、采集周期长,无法满足一些需要快速反馈及实时更新的应用场景。此外,由于局限于特定区域和目标,专业测绘的覆盖范围有限,难以实现对大范围地区的全面监测与分析。随着技术的发展,专业测绘手段也在不断进步,如无人机遥感、新型移动测量系统和实时动态定位等,进一步提高了数据采集的效率和精度。这些技术的发展不仅推

1 地理空间数据介绍

动了地理空间数据科学的进步,也为社会公共问题解决、居民生活质量提升、区域经济发展提供了强有力的支持。

1.2.2 众包模式采集的地理空间数据

众包模式采集作为一种创新的地理空间数据获取策略,正逐渐成为地理信息科学领域的一个重要分支。这种模式摒弃了传统数据采集的封闭性,转而利用广泛的社会参与来增强数据的覆盖范围和更新频率。在众包模式采集下,普通公众通过各种数字平台贡献自己的观察和测量,从而形成了一个分布式的、协作式的地理空间数据收集网络。这种模式的实施依赖于用户生成内容的爆炸性增长,尤其是在社交媒体和移动应用的普及背景下。目前,按照城市空间数据感应机制,可将众包模式采集分为:被动数据采集(passive data collection)和主动数据采集(active data collection)。被动数据采集(或机会型数据采集)指利用移动终端的内置传感器,实时记录用户活动的时间和位置;主动数据采集(或参与型数据采集)指用户主动、偶发地输入个人的位置时间数据。一般来讲,被动数据采集利用内置技术不断采集和传输有关用户的位置、速度、方向等数据,其他内置传感器数据包括加速度同样可以被采集。这种方法通常需要用户认可第三方介入进行数据采集,其回馈方式主要包括用户可以获取局限的众源信息或其他信息,从而帮助他们更好地理解空间信息,如改善路径、获取地图应用和改善大众运输服务等。主动数据采集需要用户自愿上传个人活动位置的相关数据。主动数据采集需要用户主动参与,通过移动终端采集设备功能将个人主动采集的空间数据进行上传或分享至公共数据平台(如:OSM,OpenStreetMap)。例如,表1.1展示了由两种数据采集模式获取的GNSS定位数据的特点。现有的众源应用并不局限于单一"被动"或者"主动"的数据采集结果,而是将两者很好地结合起来实现特定服务的展开。

表1.1 两种采集模式获取的轨迹数据在位置精度等方面的差异对比

采集模式 \ 特点	位置精度	实时性	运动信息
被动数据采集	GPS数据的精度在特定范围内变化,可通过自动质量算法加以改进。数据质量通过标准化的采集方法得到保证	高实时性	根据应用要求决定
主动数据采集	GPS数据的精度变化范围未知。数据质量无法保证	根据参与程度决定	根据用户的行为而变化

众包模式采集的数据类型多样,包括但不限于开源地图数据、交通轨迹数据和社交媒体数据。开源地图数据,如OpenStreetMap(OSM),是由全球志愿者共同维护的地图信息平台(图1.2)。它通过集合社区成员的力量,创建了详尽的地图数据,包括矢量类型存储的道路网络数据、土地利用数据、建筑物面片数据等。交通轨迹数据,如通过出租车和网约车的GPS系统收集的数据,为城市交通流量分析、道路拥堵模式研究和智能交通系统的设计提供了实时且动态的信息源。社交媒体数据,包括用户的位置签到、地理标签照片和相关评论产生的文本数据,为理解人类活动模式、社会公共安全、舆情监控提供了新的视角。

图 1.2　OpenStreetMap 众包平台

众包模式采集的优势在于其成本效益高、更新速度快,并且能够覆盖到传统专业测绘难以到达的区域。此外,这种模式还因广泛的用户参与而能够实现全球范围内的数据收集,增强了数据的多样性,包括地理位置信息,以及用户的行为模式、社会互动和文化特征。众包模式的实时获取能力,特别是在紧急情况下,为快速响应提供了可能。同时,众包模式的灵活性和可扩展性意味着它们可以根据特定需求快速调整数据收集的范围和重点,而社区驱动的创新则为解决复杂问题提供了新的视角和方法。这些优势共同使得众包模式采集成为地理空间数据获取的一个重要补充,尤其在需要快速、大规模数据收集的场合中展现出其独特的价值。然而,众包模式采集也面临一些挑战,包括数据质量的不一致性、隐私保护的复杂性、信息的偏见与不完整性,以及法律和伦理问题。首先,由于众包模式采集的数据来源于广泛的非专业用户,其精度和可靠性可能参差不齐,因此需要有效的数据验证和质量控制机制来确保数据的准确性。其次,隐私保护是一个重要问题,需要确保在收集和使用个人贡献的数据时,用户的隐私不被侵犯。再次,众包模式可能存在地域或社会群体的代表性偏差,这可能导致信息的不全面,因此需要采取策略来提高数据的代表性和全面性。最后,法律和伦理问题也不容忽视,如数据所有权、用户同意和数据的合法使用等,需要在众包模式项目设计和执行过程中予以充分考虑。

未来的地理空间数据获取方式将趋向于更加综合和智能化。专业测绘和众包模式采集的结合使用,可以充分发挥两者的优势,提供更全面、精确和及时的地理空间信息。技术的进步,如无人机遥感、物联网传感器网络和人工智能数据分析等新兴技术的应用,将进一步推动地理空间数据获取方式的革新,为地理信息科学的发展带来新的可能性。此外,随着大数据和云计算技术的发展,地理空间数据的存储、处理和分析能力将得到显著提升。这将使从海量地理空间数据中提取有价值的信息、发现潜在的模式和趋势成为可能。同时,为了应对日益增长的数据量和复杂性,发展更加高效、智能的地理空间数据处理算法和模型也是未来研究的重要方向。总之,地理空间数据的获取方式正朝着多元化和技术集成化的方向发展。专业测绘获取和众包模式采集的结合,以及新兴技术的融合应用,将为地理空间数据的获取和应用提供更加广阔的前景。随着技术的不断进步和创新,地理空间数据将在推动社会经济发展、促进环境可持续性管理和提高人类生活质量等方面发挥更加关键的作用。

1.3 地理空间数据特点

随着传感器与定位技术的快速发展,"人人都是采集者"理论使得地理空间数据成为一种新型大数据,其具备大数据的"5V"特性,即 volume(数据量)、velocity(数据速度)、variety(数据多样性)、veracity(数据真实性)和 value(数据价值)。

(1)数据量:地理空间数据的数据量庞大,常涉及大规模的空间数据集,如遥感图像、全球定位系统(GPS)轨迹、地形图等。例如,地球观测卫星每天产生大量的数据,其中不仅包含丰富的空间信息,还包括时间序列,形成了庞大的数据集。这些数据量的增长给数据存储、处理和分析带来了挑战,同时也为地理空间数据的深入研究和应用提供了丰富的资源。

(2)数据速度:地理空间数据的数据速度也在不断提高,实时地理空间数据源的出现,如 GPS 定位数据、移动传感器数据等,使得地理空间数据的更新速度大大加快。例如,交通监控系统可以实时收集交通流量和拥堵信息,卫星遥感系统可以每天多次获取地球表面的图像。这些实时数据的快速生成和更新,对及时响应和决策制定具有重要意义。

(3)数据多样性:地理空间数据的多样性体现为其涵盖了多种地理信息类型和数据格式。这些数据包括矢量数据(如点、线、面)、栅格数据(如卫星影像、遥感数据)、文本数据(如地理标记和描述)、多模态数据(如图像、声音、视频等)。地理空间数据的多样性为多领域的应用提供了丰富的信息资源,但也增加了数据集成、处理和分析的复杂性。

(4)数据真实性:地理空间数据的真实性是其质量的关键特征之一。由于地理空间数据通常是通过测量、遥感或传感器等手段获取的,因此其真实性受到数据采集和处理过程的影响。数据的准确性、完整性和一致性是评估数据真实性的重要指标。例如,在城市规划中,如果使用的数据存在位置偏差或属性不一致,可能导致基础设施建设的决策失误。

(5)数据价值:地理空间数据的价值体现为它在社会、经济和环境等方面的应用价值。通过对地理空间数据的分析和挖掘,可以发现地理空间模式、规律和关联性,为城市规划、环境保护、交通管理、灾害预防等领域提供决策支持。地理空间数据的价值不仅体现在其原始数据本身,还体现为通过数据分析和应用所产生的洞察和解决方案。

地理空间数据质量作为"5V"特性中的一类,对地理空间数据应用场景的影响非常关键,也是确保决策支持系统可靠性的基石。地理空间数据质量主要包含位置误差、时间误差、属性误差。位置误差通常与地理坐标的测量精度有关,可能受到全球导航卫星系统(GNSS)定位精度约束或地图数字化过程中的人工操作误差的影响。时间误差则源于数据的现势性不足,即数据未能及时反映地理现象的最新状态,尤其对于快速变化的地理环境。属性误差可能由数据录入的不准确、分类标准的不一致或源数据的不完整而引起。此外,数据质量问题还可能由以下几个因素导致:数据源的选择不当、人为操作的误差、测量设备自身的限制、资源和资金的限制、缺乏统一的数据标准和规范、数据管理与维护的不足以及法律和政策的限制等。因此,为了提升地理空间数据的整体质量,必须从数据的采集、处理、管理和更新等各个环节进行严格的质量控制,并通过持续的技术研发和规范制定,提高数据的准确性、一致性和完整性。

目前,地理空间信息科学领域通常从准确性、精确度、不确定性等方面出发对地理空间数据质量进行评价,具体如下所述。

(1)准确性(accuracy):准确性是指测量值与真值之间的接近程度,通常用误差来衡量。在地理空间数据中,准确性至关重要,因为它直接影响数据的可信度和应用效果。例如,在地图制作过程中,如果地图上标注的道路位置与实际道路位置存在较大的偏差,则可能导致导航系统的误导,影响用户的出行体验。因此,确保地理空间数据的准确性对提高数据的可靠性和实用性至关重要。

(2)精确度(precision):精确度是指对象描述的详细程度,通常以小数点后的位数来表示。在地理空间数据中,精确度反映了数据所包含的信息量和描述的细致程度。例如,在地理坐标数据中,精确度可以体现为小数点后的位数,决定了地理位置的定位精度。精度越高,数据描述的地理现象越详细,对空间分析和决策制定具有更高的准确性。

(3)不确定性(uncertainty):不确定性是指某现象不能精确测得的程度,由客观世界本身的不确定性和人类认知的不确定性而产生。在地理空间数据中,不确定性反映了数据的可靠程度和推断结果的确定程度。例如,在地球科学领域中,地质构造和地震预测等问题都存在一定的不确定性,因为地球内部的复杂性和对地球的认知有限。因此,在使用地理空间数据时,需要考虑不确定性因素,并在分析和决策过程中进行合理的处理和推断。

(4)相容性(compatibility):相容性是指两个来源的数据在同一个应用中使用的难易程度。在地理空间数据中,相容性体现为不同数据源、不同数据格式之间的整合和交互能力。例如,在地图制作中,将三维地形数据和二维地图数据叠加使用,或者在不同比例尺地图之间进行数据叠加,都需要考虑到数据的相容性。相容性的提高可以促进地理空间数据的综合应用和价值发挥。

(5)完整性(completeness):完整性是指具有同一准确性和精确度的数据在类型上、特定空间范围内是否完整的程度。在地理空间数据中,完整性反映了数据所涵盖的信息是否全面和充分。例如,在地理信息系统中,地图图层的完整性体现为是否包含了所需的全部地理要素和相关属性信息。确保地理空间数据的完整性可以提高数据的可用性和应用效果。

(6)可得性(accessibility):可得性是指获取和使用数据的容易程度。在地理空间数据中,可得性包括数据的获取途径和获取成本等方面。例如,一些公开数据集可以通过互联网免费获取,而一些专业数据可能需要付费或通过特定途径获取。提高地理空间数据的可得性有助于促进数据的共享和交流,推动地理信息技术的应用和发展。

(7)一致性(consistency):一致性是指对同一现象或同类现象表达的一致程度。在地理空间数据中,一致性体现为不同数据集或数据来源之间的逻辑和地理一致性。例如,同一地区的不同地图图层中,道路、建筑物等地理要素的位置与属性应保持一致,避免出现矛盾或不一致的信息。确保地理空间数据的一致性有助于提高数据的可信度和可用性。

(8)现势性(timeliness):现势性是指数据反映客观现象目前状况的程度。在地理空间数据中,现势性反映了数据的更新频率和数据的有效时间。例如,交通流量数据、气象数据等需要及时更新以反映实时情况。保持地理空间数据的现势性对保持数据的有效性和实用性至关重要。

（9）可追溯性（traceability）：可追溯性是指数据的来源、采集过程和处理过程都能够被追溯和记录。在地理信息系统（GIS）和空间分析应用中，可追溯性对确保数据的可信度、可靠性和可复现性至关重要。例如，在地图制作过程中，记录卫星遥感图像的拍摄时间、分辨率和传感器参数等信息，有助于评估图像的质量和准确性。

地理空间数据的这些特点使得它在大数据时代拥有着重要的地位和不可替代的作用。随着科技的不断进步和应用需求的日益增长，地理空间数据的潜力将进一步被挖掘，它在促进人类社会发展、提升生活质量、保护环境和文化遗产等方面的影响将变得更加显著。未来，地理空间数据将在更多领域展现其独特的价值和潜力，成为推动社会进步的关键力量。

1.4 地理空间数据应用——以时空轨迹数据为例

地理空间数据的应用范围极为广泛，涵盖了智能交通管理、城市规划、环境监测、公共安全等多个领域。时空轨迹数据作为地理空间数据的一种重要形式，以其独特的时空关联性，为理解动态地理现象提供了强有力的数据支持。时空轨迹数据通过连续记录移动对象如人、车辆、动物等在一段时间内的位置变化，形成具有时间序列特性的空间路径。这些数据的采集主要依赖于定位技术和微型传感器技术，如全球定位系统（GPS）、北斗定位系统、移动设备的传感器网络等，它们能够精确捕捉到移动目标的经纬度坐标、时间戳、速度、方向等多维度信息。随着定位技术的进步和移动设备的普及，时空轨迹数据的采集变得更加高效和精确，为数据分析和挖掘提供了丰富的原始材料，在多个领域表现出重要的应用价值。本节将聚焦于时空轨迹数据，深入探讨它在不同领域中的应用实例及对社会发展的重要影响。

时空轨迹数据在智能交通领域的应用日益广泛，为实现交通系统的智能化管理和优化提供了重要支持。通过收集和分析车辆、行人等移动对象的时空轨迹数据，可以实现交通流量预测、路况监测、智能导航等功能，从而提高交通效率、减少拥堵、改善交通安全。例如，通过分析历史时空轨迹数据，可以识别出交通高峰时段、繁忙路段和拥堵区域，并预测未来的交通流量分布情况，从而为驾驶者提供实时路况信息和交通拥堵预警，帮助他们选择更合适的出行路线，减少交通拥堵和行车时间。通过实时收集和分析车辆的时空轨迹数据，可以监测道路的实时交通情况，及时发现交通事故、施工和其他突发事件，为交通管理部门采取应急响应措施提供决策支持。同时，通过对路况数据的长期分析，可以发现交通瓶颈和热点区域，为城市交通基础设施建设和改善提供科学依据。此外，建立时空轨迹数据分析模型和算法，可以实现交通信号灯的智能控制、交通路口的智能识别和监控、交通流量的动态调控等功能，为城市交通管理提供智能化、精准化的解决方案。

时空轨迹数据在城市规划和智慧城市建设中扮演着关键角色，它们为城市空间的合理布局和资源的高效利用提供了数据驱动的决策支持。通过收集和分析人群和车辆的时空轨迹数据，可以深入了解城市的人口分布、出行模式、活动热点等信息，为城市规划和智慧城市建设提供科学依据和精准指导。例如，对于公共资源配置，通过分析市民的移动轨迹，可以发现城市的热点区域和人群活动特征,从而更合理地规划公共设施的布局,如学校、医院、公园和购物中心。时空轨迹数据还可以用于分析人口的迁移模式,有助于城市规划者预测城市扩张的方向和速度,从而为住房建设、基础设施建设和土地使用规划提供数据支持。在经济活动方面,通过分析商业区域的人流和车流轨迹,可以评估经济活动的活跃度,为商业规划和经济决策提供依据。同时,利用时空轨迹数据可以绘制城市热力图,可以直观地展示城市活动集中的区域,为城市规划提供直观的数据支持。此外,时空轨迹数据是构建智慧城市基础设施的基石,它们可以集成到智能交通系统、智能照明系统、智能垃圾管理等多个方面。

时空轨迹数据在环境监测和资源管理领域具有重要应用。通过监测动物的迁徙轨迹和植被的生长情况,可以了解生态系统的变化和自然资源的利用情况,为环境保护和资源管理提供数据支持。例如,利用动物迁徙轨迹数据可以评估自然保护区的有效性,保护珍稀物种的栖息地;而利用植被生长的时空轨迹数据可以监测土地利用变化,指导土地资源的合理利用和保护。时空轨迹数据还可以用于追踪和管理自然资源,评估资源的消耗情况、开发程度和可持续利用潜力,如森林资源的砍伐和再生模式、渔业资源的捕捞活动等,从而对资源进行动态监测和调控,实现资源的可持续利用。此外,时空轨迹数据还可以支持环境监测和资源管理的智能化和精准化。通过分析移动的污染源(如车辆、工厂排放)的时空轨迹数据,可以发现环境污染源的位置和扩散路径,提出有针对性的环境治理方案;也可以评估资源开发的风险和影响,制订科学合理的资源管理策略。时空轨迹数据还可以与地理信息系统(GIS)和遥感技术相结合,实现对环境和资源多维度、全方位的监测和管理。

时空轨迹数据在公共安全领域也有着重要的应用价值,它为预防和应对各类安全事件提供了关键支持与有效手段。通过收集和分析移动对象的时空轨迹数据,可以实现对安全隐患的监测、异常行为的识别和事件发生的预警,从而提升公共安全管理的效率和水平。例如,在犯罪预防和打击中,通过分析犯罪行为的时空分布规律,可以识别出犯罪热点区域和高风险地段,为警务部门制订犯罪预防和打击策略提供科学依据;而基于时空轨迹数据训练的犯罪预测模型可以预测潜在的犯罪发生地点和时间,为警方提供及时的预警和反应机制,有效减少犯罪事件的发生和损失。在应急管理和事件响应中,实时监测人群和车辆的时空轨迹,可以及时发现异常行为和事件,如交通事故、火灾、恐怖袭击等,为应急管理部门提供快速反应和紧急处置的能力。在公共卫生事件,如新型冠状病毒感染疫情暴发时,时空轨迹数据能够追踪感染者的移动路径,帮助卫生机构评估疫情扩散风险,制订防控措施。此外,时空轨迹数据还可以与视频监控、人脸识别等技术相结合,实现对公共安全事件的多维度、全方位监测和分析,为公共安全管理提供更强大的技术支持和决策参考。

时空轨迹数据的应用涉及多个领域,涵盖了人们生活中的各个方面。这些数据不仅为城市管理和社会发展提供了宝贵的信息资源,也成为解决现实问题和推动创新的重要工具。通过收集和分析移动对象的时空轨迹数据,能够深入了解社会运行的规律,发现问题和优化方案,从而推动城市管理的智能化、精细化和可持续发展。时空轨迹数据的应用不仅提升了管理决策的科学性和准确性,也为解决社会问题、提升生活质量和推动可持续发展做出了积极贡献。随着技术的不断创新和数据应用场景的不断拓展,时空轨迹数据的潜力和价值将会更加凸显,为构建智慧城市、推动社会进步和改善人类生活带来更广阔的前景和机遇。

2 时空轨迹数据处理

2.1 轨迹数据误差来源及清洗方法

2.1.1 地理数据的空间参考

2.1.1.1 数据空间坐标系

长期以来,我国国土资源空间数据一直存在坐标系统不统一的状况,不同部门的空间数据成果无法共享,造成重复建设、资源浪费。为推进国土资源数据应用与共享,提高国土资源数据服务水平,2017年国土资源部(现自然资源部)下发了《国土资源部 国家测绘地理信息局关于加快使用2000国家大地坐标系的通知》(国土资发〔2017〕30号),要求2018年6月底前完成全系统各类国土资源空间数据向2000国家大地坐标系转换,7月1日后自然资源系统将全面使用2000国家大地坐标系。涉及空间坐标的报部审查和备案项目,全部采用2000国家大地坐标系。然而由于历史原因,很多测绘部门仍在使用或保留着大量历史数据。这些数据大都采用北京54、西安80或WGS84等坐标系统。以下内容以2000国家大地坐标系和WGS84坐标系为例,对其定义、参数取值进行详细说明。

2000国家大地坐标系,是我国当前最新的国家大地坐标系,英文名称为China Geodetic Coordinate System 2000,英文缩写为CGCS2000。2000国家大地坐标系的原点为包括海洋和大气的整个地球的质量中心。2000国家大地坐标系的Z轴由原点指向历元2000.0的地球参考极的方向。该历元的指向由国际时间局给定的历元为1984.0的初始指向推算,定向的时间演化保证相对于地壳不产生残余的全球旋转。X轴由原点指向格林尼治参考子午线与地球赤道面(历元2000.0)的交点。Y轴与Z轴、X轴构成右手正交坐标系。采用广义相对论意义下的尺度,2000国家大地坐标系采用的地球椭球参数为:长半轴$a=6\ 378\ 137$m;扁率$f=1/298.257\ 222\ 101$;万有引力常数和地球质量的乘积$GM=3.986\ 004\ 418\times 10^{14}\ m^3/s^2$;地球自转角速度$\omega=7.292\ 115\times 10^{-5}$rad/s;短半轴$b=6\ 356\ 752.314\ 14$m;极曲率半径$=6\ 399\ 593.625\ 86$m;第一偏心率$e=0.081\ 819\ 191\ 042\ 8$。

WGS84坐标系(World Geodetic System 1984 Coordinate System)是一种国际上采用的地心坐标系。原点是地球的质心,空间直角坐标系的Z轴指向BIH(Bureau International de l'Heure,国际时间局)定义的地极CTP(Conventional Terrestial Pole,协议地球极)方向,即国

际协议原点 CIO(Conventional International Origin),它由 IAU(International Astronomical Union,国际天文联合会)和 IUGG(International Union of Geodesy and Geophysics,国际大地测量学和地球物理学联合会)共同推荐。X 轴指向 BIH 定义的零度子午面和 CTP 赤道的交点,Y 轴和 Z 轴、X 轴构成右手坐标系。WGS84 椭球采用第 17 届国际大地测量学和地球物理学联合会测量常数推荐值,采用两个常用基本几何参数。WGS84 是修正 NSWC9Z-2 参考系的原点和尺度变化,并旋转其参考子午面与 BIH 定义的零度子午面一致而得到的一个新参考系,WGS84 坐标系的原点在地球质心,Z 轴指向 BIH1984.0 定义的协定地球极(CTP)方向,X 轴指向 BIH1984.0 的零度子午面和 CTP 赤道的交点,Y 轴和 Z 轴、X 轴构成右手坐标系。WGS84 坐标系是一个地固(地心固连)坐标系。

WGS84 坐标系采用的地球椭球参数为:长半轴 $a = (6\ 378\ 137 \pm 2)$m;万有引力常数和地球质量的乘积 $GM = (3\ 986\ 005 \pm 0.6) \times 10^8 \text{m}^3/\text{s}^2$;正常化二阶带谐系数 $C_{20} = -484.166\ 85 \times 10^{-6} \pm 1.3 \times 10^{-9}$;地球重力场二阶带球谐系数 $J_2 = 108\ 263 \times 10^{-8}$;地球自转角速度 $\omega = (7\ 292\ 115 \pm 0.150) \times 10^{-11}$rad/s;扁率 $f = 1/298.257\ 223\ 563$。

WGS84 和 CGCS2000 的主要区别如下。

(1)参考椭球体。WGS84 和 CGCS2000 使用了不同的参考椭球体模型。虽然两者非常相似,但 CGCS2000 的椭球体参数更适合中国的地理特征。

(2)应用范围。WGS84 是全球性的坐标系统,而 CGCS2000 主要针对中国地区。

(3)精度。CGCS2000 在中国境内提供比 WGS84 更高的定位精度。

(4)参数。两个坐标系使用的地球椭球体参数不同,包括长半轴、短半轴和地球扁率等。

(5)坐标表示:两个坐标系都是用经纬度来表示坐标,但因为参考地球椭球体参数不同,同一地点在两个系统下的坐标值也不同。

(6)EPSG(European Petroleum Survey Group's Geographic Information Systems,欧洲石油勘探协会地理信息系统)代码:WGS84 的 EPSG 代码是 4326,而 CGCS2000 的 EPSG 代码是 4550。

国土规划空间数据坐标转换需要满足两个方面质量要求:一是坐标转换参数计算精度必须满足数据转换精度质量要求;二是空间数据坐标转换前后的数据完整性、精度、图形一致性等须满足相关规定。本章以时空轨迹数据为例进行数据空间坐标转换的操作,将 WGS84 地理坐标系转换成 CGCS2000 坐标系。

2.1.1.2 常见的空间数据坐标转换模型

常见的空间数据坐标转换模型包括高斯投影坐标计算、平面坐标转换模型和空间大地坐标转换模型 3 类。

1. 高斯投影坐标计算

高斯投影是一种常用的地图投影方法,用于将地球表面的经纬度坐标转换为平面坐标。高斯投影通常用于大范围的地图制图,如国家或地区的地图。高斯投影的计算过程如下。

(1) 选择投影中央子午线：首先确定投影的中央子午线，通常选择地图上的某一经线作为中央子午线。

(2) 确定投影带宽度：将地球表面划分为若干个投影带，每个带宽度一般为 6°。

(3) 确定目标点所在的投影带，计算投影带宽度内的参数：根据所选的投影带，计算该带内的椭球体参数，如长半轴、扁率等。

(4) 将经纬度转换为弧度：将目标点的经度和纬度转换为弧度。

(5) 计算子午线弧长：根据所选的椭球体参数，计算目标点所在子午线的弧长。

(6) 计算高斯平面坐标：根据高斯投影的公式，将目标点的经纬度坐标转换为平面坐标。这个计算过程涉及一系列复杂的数学运算，包括椭球体参数的应用、三角函数的计算等。

(7) 根据投影带参数调整坐标：根据所选的投影带的参数，对计算得到的平面坐标进行调整，以确保坐标的准确性。

高斯投影正算公式如式 (2.1) 所示 (此公式换算的精度为 0.001m)。

$$
\begin{aligned}
x = & X + \frac{N}{2\rho''^2}\sin B\cos B \cdot l''^2 + \frac{N}{24\rho''^4}\sin B\cos^3 B(5-t^2+9\eta^2+4\eta^4)l''^4 + \\
& \frac{N}{720\rho''^6}\sin B\cos^5 B(61-58t^2+t^4)l''^6 \\
y = & \frac{N}{\rho''}\cos B \cdot l'' + \frac{N}{6\rho''^3}\cos^3 B(1-t^2+\eta^2)l''^3 + \\
& \frac{N}{120\rho''^5}\cos^5 B(5-18t^2+t^4+14\eta^2-58\eta^2 t^2)l''^5
\end{aligned}
\quad (2.1)
$$

式中：角度都为弧度；B 为点的纬度；$l'' = L - L_0$；L 为点的经度；L_0 为中央子午线经度；N 为子午圈曲率半径，$N = a(1-e^2\sin^2 B)^{-\frac{1}{2}}$；$t = \tan B$；$\eta^2 = e'^2\cos^2 B$；$\rho'' = \frac{180}{\pi} \times 3600$；$X$ 为子午线弧长，$X = a_0 B - \sin B\cos B\left[(a_2 - a_4 + a_6) + \left(2a_4 - \frac{16}{3}a_6\right)\sin^2 B + \frac{16}{3}a_6\sin^4 B\right]$。

a_0、a_2、a_4、a_6、a_8 为基本常量，按式 (2.2) 计算。

$$
\begin{cases}
a_0 = m_0 + \frac{m_2}{2} + \frac{3}{8}m_4 + \frac{5}{16}m_6 + \frac{35}{128}m_8 \\
a_2 = \frac{m_2}{2} + \frac{m_4}{2} + \frac{15}{32}m_6 + \frac{7}{16}m_8 \\
a_4 = \frac{m_4}{8} + \frac{3}{16}m_6 + \frac{7}{32}m_8 \\
a_6 = \frac{m_6}{32} + \frac{m_8}{16} \\
a_8 = \frac{m_8}{128}
\end{cases}
\quad (2.2)
$$

m_0、m_2、m_4、m_6、m_8 为基本常量，按式 (2.3) 计算。

$$m_0 = a(1-e^2)$$
$$m_2 = \frac{3}{2}e^2 m_0$$
$$m_4 = 5e^2 m_2 \quad (2.3)$$
$$m_6 = \frac{7}{6}e^2 m_4$$
$$m_8 = \frac{9}{8}e^2 m_5$$

高斯投影反算公式如式(2.4)所示(此公式换算的精度为 0.001m)。

$$
\begin{aligned}
B &= B_f - \frac{t_f}{2M_f N_f} y^2 + \frac{t_f}{24 M_f N_f^3}(5 + 3t_f^2 + \eta_f^2 - 9\eta_f^2 t_f^2) y^4 - \\
&\quad \frac{t_f}{720 M_f N_f^5} y(61 + 90 t_f^2 + 45 t_f^4) y^6 \\
l &= \frac{y}{N_f \cos B_f} - \frac{y^3}{6 N_f^3 \cos B_f}(1 + 2t_f^2 + \eta_f^2) + \\
&\quad \frac{y^5}{120 N_f^5 \cos B_f}(5 + 28 t_f^2 + 24 t_f^4 + 6\eta_f^2 + 8\eta_f^2 t_f^2) \\
L &= l + L_0
\end{aligned}
\quad (2.4)
$$

式中：L_0 为中央子午线经度。

$$
\begin{cases}
w = \sqrt{1 - e^2 \sin^2 B} \\
v = \sqrt{1 + e^2 \cos^2 B}
\end{cases}
$$
$$M_f = \frac{c}{V^3} \text{ 或 } M_f = \frac{N}{V^2} \quad (2.5)$$
$$N_f = \frac{c}{V}$$
$$t_f = \tan B$$

B_f 为底点纬度，即 $x = X$ 时的子午线弧长所对应的纬度。按照子午线弧长公式 $X = a_0 B - \frac{a_2}{2}\sin 2B + \frac{a_4}{4}\sin 4B - \frac{a_6}{6}\sin 6B + \frac{a_8}{8}\sin 8B$ 进行迭代计算；初始设置 $B_f^1 = X/a_0$，然后每次迭代按下式计算。

$$B_f^{i+1} = \frac{X[X - F(B_f^i)]}{a_0} \quad (2.6)$$

$$F(B_f^i) = -\frac{a_2}{2}\sin 2 B_f^i + \frac{a_4}{4}\sin 4 B_f^i - \frac{a_6}{6}\sin 6 B_f^i + \frac{a_8}{8}\sin 8 B_f^i \quad (2.7)$$

2. 平面坐标转换模型

平面坐标转换模型一般适用于不同地球椭球框架下的平面坐标转换。采用该模型时，需将坐标统一到同一中央子午线和投影高程面下，以消除投影变形不一致的影响。平面坐标转换模型主要包括三维四参数转换模型、二维四参数转换模型、多项式拟合模型、网格内插模型等。二维四参数转换模型涉及 5 个参数,包括 2 个平移参数 Δx 和 Δy、1 个旋转参数 θ 及 1 个尺度变化参数 m,具体公式如式(2.8)所示。

$$\begin{bmatrix} x_T \\ y_T \end{bmatrix} = \begin{bmatrix} \Delta x \\ \Delta y \end{bmatrix} + (1+m) \begin{bmatrix} \cos\theta & -\sin\theta \\ \sin\theta & \cos\theta \end{bmatrix} \begin{bmatrix} x_S \\ y_S \end{bmatrix} \tag{2.8}$$

式中:x_T、y_T 为目标坐标系高斯平面坐标;x_S、y_S 为原坐标系高斯平面坐标。

二维四参数转换模型属平面坐标转换模型,具有计算简单的特点,由于受投影变形误差的影响,离中央子午线越远,其转换精度越差,主要适用于局部地区的平面坐标转换、建立地方坐标系与国家坐标系的转换。

3. 空间大地坐标转换模型

空间大地坐标转换模型适用于不同大地坐标系的坐标转换。在进行平面坐标系坐标转换时,通过该模型建立空间直角坐标系之间转换关系后换算到大地坐标,再依据高斯投影坐标计算实现大地坐标与平面坐标的换算。空间大地坐标转换模型包括布尔沙七参数模型、三维七参数坐标转换模型、二维七参数转换模型等。布尔莎七参数坐标转换模型涉及 7 个参数,包括 3 个平移参数 $[\Delta X \Delta Y \Delta Z]^T$、3 个旋转参数 $[\varepsilon_x \varepsilon_y \varepsilon_z]^T$ 和 1 个尺度变化参数 m,具体公式如式(2.9)所示。

$$\begin{bmatrix} X_T \\ Y_T \\ Z_T \end{bmatrix} = \begin{bmatrix} \Delta X \\ \Delta Y \\ \Delta Z \end{bmatrix} + \begin{bmatrix} 0 & -Z_S & Y_S \\ Z_S & 0 & -X_S \\ -Y_S & X_S & 0 \end{bmatrix} \begin{bmatrix} \varepsilon_x \\ \varepsilon_y \\ \varepsilon_z \end{bmatrix} + m \begin{bmatrix} X_S \\ Y_S \\ Z_S \end{bmatrix} + \begin{bmatrix} X_S \\ Y_S \\ Z_S \end{bmatrix} \tag{2.9}$$

式中:X_T、Y_T、Z_T 为目标坐标系空间直角坐标;X_S、Y_S、Z_S 为原坐标系空间直角坐标。

布尔沙七参数坐标转换模型属三维空间直角坐标转换模型,不存在模型误差和投影变形误差,适用于不同地球椭球基准下的省级区域乃至全国、全球范围的坐标转换。

常见的地理空间数据包括文本型、矢量型和栅格型 3 类,可以根据不同数据类型及使用平台选择相对应的转换模型。本章以轨迹数据为例进行数据空间坐标转换的操作,为保证主流坐标转换软件(如 ArcGIS、QGIS 等)的可用性,采用二维四参数转换模型和布尔沙七参数模型。

2.1.2 轨迹数据介绍

众源车载轨迹数据质量评价指标一般包括现势性、完整性、空间精度。其中,现势性主要取决于数据采集时间和研究人员可获得数据的时间;完整性则依赖于采集车辆数量、采集环境和数据采样间隔等因素;数据空间精度受采集装置、采集技术、采集环境、采集人员行为等因素制约。从车道级道路信息获取的数据需求分析,数据空间精度对后续信息获取结果的准确性影响重大。因此,从众源车载轨迹数据中选出空间精度较高的轨迹数据是保证后续研究成功展开的基础。

2.1.2.1 轨迹数据来源与格式

轨迹数据是记录移动物体在一段时间内的位置信息的数据集,广泛应用于地理信息科学领域研究。常见的轨迹数据来源包括：①GNSS设备数据，即安装在车辆、手机等设备上的定位模块提供的高精度位置信息；②移动通信数据，即数据通过移动通信网络记录的用户位置信息，其精度相对较低，但覆盖面广；③智能交通系统数据，如车联网、路侧单元等设备记录的车辆轨迹数据。

采集于城市出租车系统的时空轨迹数据通常以时间序列方式记录，每条记录包含以下字段：

——车辆ID：每辆车的唯一标识。
——纬度：车辆当前位置的纬度。
——经度：车辆当前位置的经度。
——载客状态：标识车辆是否载客，1表示载客中，0表示不载客。
——时间：记录时间戳。

示例数据格式：

VehicleID,	Latitude,	Longitude,	Status,	Time
12345,	31.2304,	121.4737,	1,	2024-06-03 08:30:00
12345,	31.2305,	121.4738,	1,	2024-06-03 08:30:10
12345,	31.2306,	121.4739,	0,	2024-06-03 08:31:00
……				

2.1.2.2 GNSS轨迹数据定位精度分布规律

影响GNSS数据定位精度的因素极为复杂，且其误差值由多个不同分布的误差变量组成，因此很难通过理论得出GNSS定位数据的误差分布规律。目前，研究人员通过对实际数据评测研究，提出两个假设：第一，假定定位误差（在经纬度、海拔的每一纬度上、时间上的误差）分布呈高斯分布；第二，假定在水平误差分布上，如XY平面上的分布，等概率密度线为圆形。Brakatsoulas等（2002）研究发现，GPS测量值会遵循正态分布规律，如图2.1所示，其中δ和μ分别代表GPS测量误差的标准差和平均值。

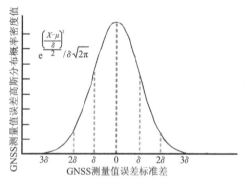

图2.1 GNSS测量值误差高斯分布

对GNSS定位数据而言，其定位精度指GNSS信号所测定的载体地面点位与其实际点位之差。目前GNSS产品厂家分别采用RMS(root mean square error，均方根误差)和CEP(circular error probable，圆概率误差)两个精度参数来描述数据的定位精度。RMS通常也被称为"中误差"或"标准差"，其探测概率分别采用置信椭圆(confidence ellipse)和置信椭球(confidence ellispsoid)来表述二维定位和三维定位。置信椭圆的长短半轴，分别表示测量点在二维位置坐标分量上测量误差的标准差，也即分别采用δ_λ和δ_ϕ表示定位数据在经度和纬度测量误差的标准差。根据统计原理,一倍标准差(δ)的概率值是 68.3%,二倍标准差(2δ)的概率值是 95.5%,三倍标准差(3δ)的概率值是 99.7%。目前,研究人员采用距离均方根 DRMS(也称为圆径向误差或均方位置误差)表示二维定位精度,其中 DRMS 可由 δ_λ 和 δ_φ 计算获取,如式(2.10)所示。GNSS 轨迹数据定位精度一般指一倍标准差(δ),其数值大小等于 DRMS 的值。

$$\text{DRMS} = \sqrt{(\delta_\lambda^2 + \delta_\varphi^2)} \tag{2.10}$$

根据 GNSS 测量误差分布原理,结合 GNSS 轨迹数据的定位精度评价指标,可以总结:①存在一定比例的 GNSS 轨迹数据的定位精度要低于数据整体描述精度的情况;②存在一定比例的 GNSS 轨迹数据的定位精度要高于数据整体描述精度的情况。例如,大部分出租车轨迹数据一般采用 GNSS 单点定位技术原理获取,其 GNSS 数据定位精度一般在 10m 左右,也即 GNSS 轨迹数据定位在 10m 精度的概率是 68.3%。对于整体出租车轨迹数据集而言,有一部分数据定位精度要优于 10m,也有一部分数据定位精度要劣于 10m。通过对大数据清洗可以实现:①低精度 GNSS 轨迹数据的剔除,完成数据精度纯化;②降低数据冗余度,加快计算速度。因此,不论是从数据清洗后整体精度水平还是数据整体存储量和运算效率来分析,众源车载轨迹数据的清洗工作非常必要。

2.1.2.3 同步高低精度轨迹数据空间分布特征分析

GNSS 轨迹数据是被用来记录移动目标运动路线的一种空间数据,GNSS 定位精度越高,其描述本体的运动状态越真实。城市环境中,由于受路网约束和交通规则制约,车辆通常会沿着车道中心线行驶,除非需要变道或者在交叉口转弯。因此,如果 GNSS 定位精度高(同时兼具高采样率),那么由 GNSS 定位点构成的这些车辆产生的行驶轨迹通常都会具有相对较光滑的线性特征。如图 2.2 所示,(a)和(b)分别展示了由测量车同步采集的 DGPS(Differential Global Positioning System)轨迹数据、GPS 轨迹数据。高精度 DGPS 轨迹数据、GPS 轨迹数据的定位精度分别为厘米级和米级,且两类数据具有相同的采样率。对比图 2.2 中的两种轨迹数据发现,高精度 DGPS 轨迹数据可以较为真实地反映测量车移动的空间位置序列,而同步 GPS 轨迹数据由于夹杂了大量的低精度轨迹点无法反映车辆行驶的真实位置序列。与此同时,通过对比 GPS 轨迹数据与 DGPS 轨迹数据,GPS 位置点实际上都会围绕在其真值周围,而高精度的 DGPS 轨迹点在空间位置和方向上具有高度一致性。

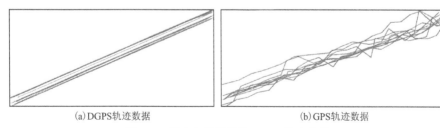

(a)DGPS轨迹数据　　　　　　　(b)GPS轨迹数据

图 2.2　同步高低精度的 GNSS 轨迹数据

根据道路的线性特征和车辆运动过程的运动惯性,并结合上述有关同步高低精度轨迹数据的空间特征分析可以发现:①车辆往往沿着所在车道的中心线行驶,因此记录车辆运动位置的高精度轨迹点在空间位置上存在高度一致性;②定位精度较高的 GPS 轨迹数据与定位精度较低的轨迹数据相比,线性特征往往比较平滑,其平滑度在一定程度上反映了 GPS 轨迹数据的位置精度水平。因此,从原始轨迹数据中清洗出可以满足信息提取精度需求的轨迹数据,关键在于如何设定平滑度评价方法及参考,然后通过对轨迹数据构成的线性平滑度控制,使得清洗后数据的质量尽可能达到应用需求精度指标。

2.1.3 众源轨迹数据清洗方法

2.1.3.1 基于运动惯性约束的轨迹分割

1. 轨迹数据分割

反映车辆运动惯性的移动因子包括行驶方向、行驶位置和行驶速度等。例如车载轨迹数据体现了移动目标直行、转弯、掉头行驶等行为,通过角度约束可以很好地将这些表现不同驾驶行为的轨迹进行分割,得到保持同一驾驶行为的子轨迹段,而距离约束则可以将车辆在同一行驶方向不同位置行驶时记录的轨迹进行区分。于是,采用 GPS 轨迹向量与整体轨迹行驶方向的夹角和 GPS 轨迹点偏离整体轨迹行驶航线的距离,可以度量车辆运动状态是否发生变化。本书从反映车辆行驶惯性的运动变量中选择轨迹点的角度和距离作为分割约束因子对整体轨迹进行分割,其中行驶方向约束因子和行驶位置约束因子分别被定义为 $angdis_k$ 和 $verdis_k$。假设轨迹 $T=\{p_1,p_2,\cdots,p_n\}$,$angdis_k$ 和 $verdis_k$ 均为分割约束因子,其中 $angdis_k$ 表示轨迹向量 $p_t p_{t+1}$ 和 $p_j p_{j+1}$ 的夹角,$verdis_k$ 表示 p_t 到 $p_j p_{j+1}$ 的垂直距离,$k=1,2,\cdots,n-2$;$j=1,2,\cdots,n-1$,如图 2.3 所示。

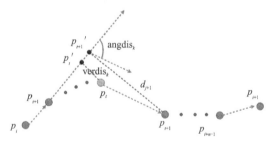

图 2.3 轨迹分割算法

设 A 和 D 分别为轨迹点在行驶方向和行驶位置的分割阈值。根据运动惯性约束的轨迹分割算法原理,检查当前轨迹点与其整体轨迹航向的角度 $angdis_k$ 和距离差异 $verdis_k$ 与分割阈值之间的关系。如果满足分割阈值,那么当前轨迹点就被作为分割点对轨迹进行分割;反之,则继续遍历寻找直到完成整条轨迹分割工作。算法具体步骤如下。

第一步:将轨迹 T 的起点 p_1 作为起点,连接 p_1 的下一个轨迹点 p_2,构建起点向量 $\boldsymbol{p_1 p_2}$。

第二步:从 p_3 开始依次遍历,计算当前点和下一个轨迹点构成的向量与起点向量 $\boldsymbol{p_1 p_2}$ 的夹角及当前点到起点向量的垂直距离。如果 $\boldsymbol{p_t p_{t+1}}$ 与 $\boldsymbol{p_1 p_2}$ 的夹角或者 p_t 到 $\boldsymbol{p_1 p_2}$ 的垂直距离值其中之一大于分割阈值 A 或 D，p_{t-1} 即为分割特征点，并添加至分割点集合 C，其中 $t=3$，$4,\cdots,n$。

第三步：将 p_t 替换第一步的 p_1，并作为新的起点，连接 p_t 的下一个轨迹点 p_{t+1}，重复第二步计算，直到剩余轨迹点与当前点及其向量之间的角度值和距离值都分别小于分割阈值 A 和 D。

2. 轨迹分割阈值自适应确定方法

分割阈值 A 和 D 被用来确定当前轨迹点是否偏离了原始车辆行驶路线的中心线。通常情况下，当轨迹点与相邻的两个 GPS 向量之间的距离和角度差异超过了分割阈值，意味着该轨迹点是车辆行驶惯性发生变化的转折点，也即惯性变化点或轨迹分割点。这些检测出的惯性变化点将被作为分割点指导轨迹分割，而分割阈值 A 和 D 的取值决定了轨迹分割粒度的大小和一条轨迹线的分割点数量。目前，很多关于轨迹分割的研究在阈值设定过程中倾向于用户自定义，其缺陷主要体现在两个方面：①增加了用户确定最佳分割阈值的困难；②图形复杂度不一的轨迹数据都采用同一个分割阈值，使得分割结果不理想。总结分析，影响轨迹分割阈值取舍主要受制于两个因素：①用户分割需求；②轨迹数据自身的图形复杂度。用户分割需求通常是一种比较粗略的心理估算，其阈值的确定主要取决于经验知识。在整体分割过程中用户分割需求其实具有规范整体分割阈值范围的作用。轨迹数据的图形复杂度则具体决定了该条轨迹在用户分割需求的基础上最终的分割阈值，也即如果轨迹数据图形复杂度高，被分割的粒度就应该大，分割阈值相对较小；如果轨迹数据图形简单，那么被分割的粒度就相对较小，分割阈值也相对较大。根据以上分析，本书从影响轨迹分割阈值的两个因素出发，提出一种顾及用户分割需求及轨迹图形复杂度的轨迹分割阈值自适应确定方法。

假设轨迹 $T=\{p_1,p_2,\cdots,p_n\}$，则 T 的分割阈值 A 和 D 可以定义为

$$A = \left(\lambda_1 + \log_{\frac{1}{e}}^{(\sigma_{\text{ang}} \times \rho)}\right)° \tag{2.11}$$

$$D = \lambda_2 + \log_{\frac{1}{e}}^{(\sigma_{\text{dis}} \times \rho)} \tag{2.12}$$

式中：λ_1 和 λ_2 为常数项，在分割阈值确定过程中体现了用户分割需求约束，具体数值可以由用户确定；ang 为轨迹点 p_t 到轨迹向量 $\boldsymbol{p_1 p_n}$ 的角度集，ang$=\{a_1,a_2,\cdots,a_{n-2}\}$，$\sigma_{\text{ang}}$ 为集合 ang 的标准差；dis 为轨迹点 p_t 到轨迹向量 $\boldsymbol{p_1 p_n}$ 的垂直距离，dis$=\{d_1,d_2,\cdots,d_{n-1}\}$，$\sigma_{\text{dis}}$ 为集合 dis 的标准差；ρ 为轨迹 T 内所有轨迹点连线的长度与 $\boldsymbol{p_1 p_n}$ 向量长度的比值，其中 $t=2,3,\cdots,n$，如图 2.4 所示。在具体计算过程中，为了防止环形轨迹造成上述参数值异常，需要对比轨迹起止点 p_1 和 p_n 的空间位置。如果 p_1 和 p_n 的空间位置相同，那么将 p_{n-1} 作为轨迹的终止点，p_n 作为异常值删除；重复这个步骤直到轨迹起点 p_1 与轨迹终点 p_t 不存在空间重叠，其中 $t=n$，$n-1,n-2,\cdots,2$。

2.1.3.2 运动一致性模型构建

按照正常的车辆行驶规则：车辆会遵守交通规则，沿着车道中心线的延伸方向安全行驶，除非遇到转弯或者快速变换车道等情况。因此，反映车辆真实行驶状态的高精度 GPS 轨迹

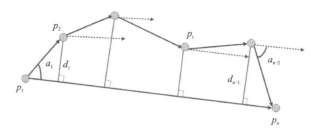

图 2.4 GPS 轨迹数据图形复杂度

数据的线性连接应该是一条平滑且无明显锯齿状的平滑线条,也即处于同一条子轨迹段内的高精度轨迹点在航向和位置上存在较高的空间一致性。根据这个特点,本书利用 RANSAC (Random Sample Consensus,随机样本一致算法)算法原理,以直线方程作为模型,对每一个子轨迹段构建运动一致性模型,如图 2.5 所示。相较于其他线性拟合算法,如最小二乘法、模糊加权拟合法,RANSAC 算法抗噪性强,可以不受噪声点的干扰找出轨迹段内高度一致的轨迹点并拟合构成一致性模型。

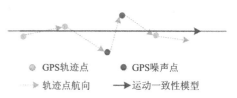

图 2.5 GPS 子轨迹段一致性模型构建

对于一条给定的子轨迹段 $STr_i = (p_i, p_{i+1}, \cdots, p_{i+t})$,$p_k = (x_k, y_k)$,$k = i, i+1, \cdots, i+t$,$STr_i \in Tr_i$,其运动一致性模型可以定位为如式(2.13)所示。其中,x_0 和 y_0 是拟合该一致性模型轨迹点的横纵坐标,b_0 和 b_1 是一致性模型的系数。式(2.4)所示模型被定义为 M^*,其中阈值 ι 定义了轨迹点 p_i 与一致性模型 M^* 的一致度。根据 RANSAC 算法原理,计算迭代次数定义为 N,参数 s 表示参与拟合模型的数据元素的数量。

$$x = x_0 + b_0 t \\ y = y_0 + b_1 t \quad (2.13)$$

轨迹数据清洗过程中,一致性模型被用来作为控制清洗后轨迹数据整体线性平滑度的标尺。在一致性模型构建过程中,需要选择合适的模型去模拟轨迹行驶的线性特征。本书采用直线方程作为 RANSAC 算法模型,利用子轨迹段内每一个轨迹点的位置构建一致性模型方程,而子轨迹段所表达车辆行驶的前进方向作为一致性模型的方向特征,也即一致性模型的方向与子轨迹段表征车辆的移动方向一致。

在没有任何高精度空间参考的条件下,从原始轨迹数据中挑选定位精度相对较好的轨迹数据困难重重。本书提出利用先验知识指导后续数据清洗,具体内容:确定子轨迹段的一致性模型后,先利用向量相似度模型计算子轨迹段内轨迹点与一致性模型的相似度,然后利用先验知识设定数据清洗阈值,按照阈值对子轨迹段内轨迹点进行清洗。

2.1.3.3 基于先验知识指导的数据清洗

1. 向量相似度模型构建及权重因子确定

根据目前已有的向量相似度评估模型,对于矢量相似度评价,主要将向量的模、夹角、向量间距离等因子作为评价指标。本书从驾驶行为出发,以驾驶方向和驾驶位置要素为主,构建子轨迹段内 GPS 轨迹点与其一致性模型的相似度。假设子轨迹段为 $STr_i = \{p_i, p_{i+1}, \cdots, p_t\}$,其一致性模型如图 2.6 所示。那么根据轨迹点 p_k 的航向值及其空间位置构成的向量与一致性模型之间的相似度即可定义为

$$\text{sim}_{(p_k, M^*)} = \omega_1 e^{-|p_k p_k'|} + \omega_2 e^{-[1-\cos(\Delta\theta_k)]} \tag{2.14}$$

式中:$\text{sim}_{(p_k, M^*)}$ 为轨迹向量 p_k 与一致性模型 M^* 之间的相似度值;$|p_k p_k'|$ 为轨迹向量点 p_k 与其投影在一致性模型上的点 p_k' 的垂直距离;角度 $\Delta\theta_k$ 为轨迹向量 p_k 与一致性模型的向量夹角;ω_1 和 ω_2 分别为距离、角度因子的权重值,$\omega_1 + \omega_2 = 1$。相似度 $\text{sim}_{(p_k, M^*)}$ 的取值范围为 [0, 1],当 $\text{sim}_{(p_k, M^*)} = 0$ 时,表示两者完全不相同,当 $\text{sim}_{(p_k, M^*)} = 1$ 时,表示两者完全相同。相似度值越高,表示轨迹点与一致性模型的相似程度越高,其轨迹点线性平滑度也越高。

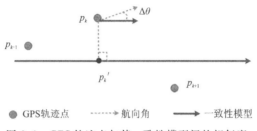

图 2.6 GPS 轨迹点与其一致性模型间的相似度

式(2.14)所提相似度模型被用来度量 GPS 轨迹点与其一致性模型之间的相似性,相似度度量因子包括车辆行驶方向和位置。相似度模型中距离和角度的权重值与 GPS 定位精度有关。本书利用已有的同步高低精度轨迹数据,通过分析低精度轨迹数据与其高精度轨迹数据之间在距离和角度方面的差异,提出利用相关度确定相似度模型中距离和角度的权重值。对于 GPS 轨迹集合 $T = <\text{Trace}_1, \text{Trace}_2, \cdots, \text{Trace}_s>$,其包含 s 条 GPS 轨迹:$\text{Trace}_1, \text{Trace}_2, \cdots, \text{Trace}_s$。轨迹集合 T 的同步高精度 DGPS 轨迹表示为 $DT = <\text{Dt}_1, \text{Dt}_2, \cdots, \text{Dt}_s>$,$\text{Dt}_1, \text{Dt}_2, \cdots, \text{Dt}_s$ 是集合 DT 内的轨迹数据。假设 $\text{Trace}_i = <p_1, p_2, \cdots, p_n>$,$p_1, p_2, \cdots, p_n$ 分别表示轨迹 Trace_i 的轨迹点;$\text{Dt}_i = <rp_1, rp_2, \cdots, rp_n>$,$rp_1, rp_2, \cdots, rp_n$ 则为轨迹 Trace_i 的同步高精度轨迹 Dt_i 的轨迹点;$\text{Trace}_i \in T, \text{Dt}_i \in DT, i = 1, 2, \cdots, s$。由轨迹 Trace_i 和其同步高精度轨迹 Dt_i 内的轨迹点构成的轨迹向量表示 $Tv_i = <v_1, v_2, \cdots, v_{n-1}>$,$v_1, v_2, \cdots, v_{n-1}$ 分别表示为由轨迹 Trace_i 的轨迹点构成的轨迹向量;$Dv_i = <rv_1, rv_2, \cdots, rv_{n-1}>$,$rv_1, rv_2, \cdots, rv_{n-1}$ 分别表示由轨迹 Trace_i 的同步高精度轨迹 Dt_i 轨迹点构成的轨迹向量。Tv_i 和 Dv_i 的距离和角度分别表示为 $D_i = <d_1, d_2, \cdots, d_{n-1}>$,$d_1, d_2, \cdots, d_{n-1}$ 表示轨迹向量集合 Tv_i 和 Dv_i 内相对应的轨迹向量 $v_1, v_2, \cdots, v_{n-1}$ 到 $rv_1, rv_2, \cdots, rv_{n-1}$ 的距离;$A_i = <a_1, a_2, \cdots, a_{n-1}>$,$a_1, a_2, \cdots, a_{n-1}$ 表示轨迹向量集合 Tv_i 和 Dv_i 内相对应的轨迹向量 $v_1, v_2, \cdots, v_{n-1}$ 与 $rv_1, rv_2, \cdots, rv_{n-1}$ 的角度差异,$i = 1, 2, \cdots, s$。轨迹集合 T 内所有的轨迹数据的定位误差可以表示为 $\varepsilon_i = <\varepsilon_1, \varepsilon_2, \cdots, \varepsilon_n>$,其中 ε_i 表示轨迹集合 T 内的轨迹 Trace_i 所有轨迹点与其对应的同步高精度轨迹 Dt_i 的所有轨迹点的空间距离(同步高精度厘米级轨迹作为真值),其中 $\varepsilon_j = |p_j - rp_j|$,$p_j$ 为 Trace_i 内任意一个轨迹点,rp_j 为 p_j 相对应的高精度轨迹点,$i = 1, 2, \cdots, s, j = 1, 2, \cdots, n$。因

此,式(2.14)中距离和角度因子权值 ω_1 和 ω_2 的计算方法如式(2.15)与式(2.16)所示,其中 $r_{D\varepsilon}$ 为 D_i 和 ε_i 的相关系数,$r_{A\varepsilon}$ 为 A_i 与 ε_i 的相关系数,而 $r_{D\varepsilon}$ 和 $r_{A\varepsilon}$ 的值可以采用协方差矩阵计算。

$$\omega_1 = \frac{1}{s}\left(\frac{\sum_{i=1}^{s} r_{D\varepsilon}}{\sum_{i=1}^{s} r_{D\varepsilon} + \sum_{i=1}^{s} r_{A\varepsilon}} \right) \tag{2.15}$$

$$\omega_2 = 1 - \omega_1 \tag{2.16}$$

2. 融合先验知识的数据清洗阈值分析

设定相似度阈值是基于运动一致性模型数据清洗方法的关键一步,相似度阈值的大小决定了挑选出的轨迹数据构成线性特征的光滑度,影响最终数据清洗的整体质量。假设相似度阈值与 GPS 定位精度存在函数关系,如式(2.17)所示。

$$\text{sim} = f(\varepsilon) \tag{2.17}$$

式中:ε 表示 GPS 轨迹数据的定位精度。当目标预期清洗后数据的定位精度为 τ 时,即可通过式(2.9)得到相应的相似度阈值,也即数据清洗阈值。为了进一步理清相似度阈值与数据定位精度之间的关系,本书提出利用先验知识指导数据清洗。具体原理:通过对不同采集区域、整体定位精度不同的大量低精度 GPS 轨迹数据及其同步高精度 DGPS 轨迹数据(精度为厘米级)的相似度进行计算,分析低精度轨迹点的定位误差及其相似度的关系。在相似度计算过程中采用式(2.14)所示的相似度评估模型,权重参数可以根据式(2.15)和式(2.16)获得,而轨迹点与其真值之间的距离参数 $|p_k p_k'|$ 实际就是该轨迹点的假定位置误差(高精度 DGPS 轨迹数据作为假定真值)。通过分析大量已有的同步高低精度轨迹数据相似度与距离和角度之间的关系,结果表明,GPS 轨迹数据的相似度与定位精度呈现稳定的指数分布,如式(2.18)所示。

$$\text{sim} = f(\varepsilon) = ae^{b\varepsilon} + c \tag{2.18}$$

式中,a、b、c 都是系数,其具体值与相似度评价模型距离和角度的权重系数息息相关,而与原始 GPS 数据集的整体定位精度相关度低。因此,无论是来自哪种型号的 GPS 接收机,只要采用统一的相似度评价模型,其 GPS 数据定位误差与 GPS 数据和其理想值相似度之间的函数关系是可确定的。GPS 轨迹点和一致性模型之间的相似度实际上与 GPS 轨迹点和其真值之间的相似度存在差异,但是当一致性模型被作为参考基准时,这种衡量 GPS 轨迹点与一致性模型之间的相似度阈值即可采用式(2.18)来确定,也即如果 GPS 轨迹数据清洗后的期望精度为 τ,那么其相似度清洗阈值则为 $f(\tau)$。

2.2 实习任务与内容

一、实习任务

实习任务 1:基于 ArcGIS 软件的轨迹数据空间参考转换。

实习任务 2：基于 Python 编程语言的轨迹数据批量空间参考转换。

实习任务 3：基于 Python 编程语言的轨迹数据批量清洗。

二、实习内容

本章以轨迹数据为例进行数据空间坐标转换的操作与批量清洗操作，将 WGS84 地理坐标系转换成 CGCS2000 坐标系。将基于 WGS84 的坐标转换为基于 CGCS2000 的坐标涉及复杂的大地测量学和地理信息系统(GIS)的知识。本章分别提供基于 ArcGIS 软件和 Python 编程语言两种方式的轨迹数据空间参考转换方法和 Python 编程语言的轨迹数据清洗方法。本书提供了北京朝阳区 160 多万的 GPS 轨迹点数据，数据以 WGS84 坐标系为源坐标系，需要通过以下两种方式转换成基于 CGCS2000 的目标坐标系。数据空间坐标转换主要包括地理坐标系转换和投影坐标系转换两个步骤。

2.2.1 基于 ArcGIS 软件的轨迹数据空间参考转换

实验的具体内容如下。

(1) 下载 ArcGIS 软件。ArcGIS 是集空间数据显示、编辑、查询检索、统计、报表生成、空间分析和高级制图等众多功能于一体的桌面应用地理信息系统平台，由以下 3 个重要部分组成：ArcMap、ArcCatalog 和 ArcToolbox。通过这 3 个应用的协调工作，可以完成任何从简单到复杂的 GIS 工作，包括制图、数据管理、地理分析和空间处理。还包括与 Internet 地图和服务的整合、地理编码、高级数据编辑、高质量的制图、动态投影、元数据管理、基于向导的截面和对近 40 种数据格式的直接支持。

(2) 获取轨迹数据。本章使用了以 WGS84 坐标系为源坐标系的北京朝阳区 160 多万的 GPS 轨迹点数据，同时使用者也可自行获取其他轨迹数据进行实验。

(3) 将 GPS 数据转成 shp 格式。此步骤较为简单，可参考网上提供的方法，本章也提供了北京朝阳区 GPS 轨迹数据的 shp 格式资源。

(4) 开始进行轨迹数据空间参考转换。具体实验步骤参见 2.3 的内容，主要思路为先变换投影，修改轨迹数据的 ITRF2000 地理坐标系；再将图层重新定义成 GCGS2000 地理坐标系，再使用投影将 GCGS2000 地理坐标系转换为 GCGS2000 投影坐标系，最后将十进制单位改成米。

(5) 进行转换后数据质量检查。对坐标转换后的数据质量主要从内容和精度两个方面进行检查。坐标转换成果的数据量、条目、属性要与转换前保持一致；转换后的坐标位置精度也要满足相关要求。内容质量包括检查转换前后文件个数、属性信息、数据分层等是否一致，转换后的数据是否有漏转、错转、转丢、转乱等现象。

2.2.2 基于 Python 编程语言的轨迹数据批量空间参考转换

实验的具体内容如下。

(1) 学习 Python 编程语言的使用。需要能熟练使用或看懂 python 的相关基础语法知识，可以独立进行 debug。Python 是一个高层次的结合了解释性、编译性、互动性和面向对象的脚本语言。相比于现有其他计算机编程语言,如:C++、C#、Python 编程语言语法结构更偏向自然语言模式,因此具有较强的可读性。

(2)学习使用相关的地理转换库,如 Proj/Proj.4、GDAL/OGR 或 GIS 软件的 SDK 等。Proj.4 是开源 GIS 最著名的地图投影库,它专注于地图投影的表达和转换,许多 GIS 开源软件的投影都直接使用 Proj.4 的库文件。GDAL 中的投影转换函数(类 Coordinate Transformation 中的函数)也是动态调用该库函数的。Proj.4 的功能主要有经纬度坐标与地理坐标的转换、坐标系的转换,包括基准变换等,PROJ.4 比其他的投影定义简单,很容易就能看到各种地理坐标系和地图投影的参数,本章也使用 Proj.4 库进行数据空间坐标转换。

(3)使用提供的轨迹数据或自行收集的轨迹数据参考提供的代码进行实验操作。需要将基于 WGS84 的坐标转换为基于 CGCS2000 的地理坐标系坐标和投影坐标系坐标。

(4)使用代码进行空间参考转换后,需要和基于 ArcGIS 软件的空间转换结果一起进行质量检查,同时对比两种不同转换方式之间的精度差异。

2.2.3 基于 Python 编程语言的时空轨迹数据批量清洗

实验具体内容如下。

(1)学习 Python 编程语言的使用:需要熟练掌握 Python 的基础语法知识,并具备独立调试代码的能力。通过学习 Python,可以快速进行数据处理、分析和科学计算。

(2)学习使用相关的数据清洗和分析库:如 Pandas、NumPy、Scikit-learn、Geopy 等。Pandas 是一个强大的数据分析和数据处理库,能够高效地处理和操作大型数据集。NumPy 提供了支持大规模多维数组与矩阵运算的函数库。Scikit-learn 是一个机器学习库,提供了各种分类、回归和聚类算法。Geopy 是一个处理地理数据的库,可以计算地理坐标之间的距离。

(3)使用提供的轨迹数据或自行收集的轨迹数据进行实验操作:根据提供的代码进行轨迹数据清洗,包括提取特征点、分割轨迹、构建参考基线和根据相似度筛选轨迹点。具体步骤为如下。①读取轨迹数据,并根据变化的运动状态提取特征点;②根据提取的特征点将轨迹数据进行分割;③使用 RANSAC 算法为每个分割段构建参考基线;④计算轨迹点与基线之间的相似度,并根据设定的阈值筛选出符合要求的轨迹点。

(4)实验结果分析:清洗后的轨迹数据需要进行质量检查,比较清洗前后的数据差异。可以对比使用 Python 进行轨迹数据清洗的结果与其他方法(如手动清洗或使用其他软件清洗)的精度差异。通过分析不同方法的结果,评估基于 Python 的轨迹数据清洗方法的有效性和可靠性。

通过以上步骤的学习和实验操作,可以掌握 Python 编程语言的基础语法,熟悉使用相关的数据处理和分析库,并学会如何进行轨迹数据的清洗和质量检查,提升处理和分析大数据的能力。

2.3 实习技术路线与原理分析

2.3.1 基于 ArcGIS 软件的空间转换操作步骤

首先打开 ArcMap 软件，新建一个空白地图模板，打开对应的北京朝阳区 shp 文件，如图 2.7 所示。

图 2.7 打开北京朝阳区 shp 文件

找到 ArcToolbox 工具箱并打开，如图 2.8 所示。

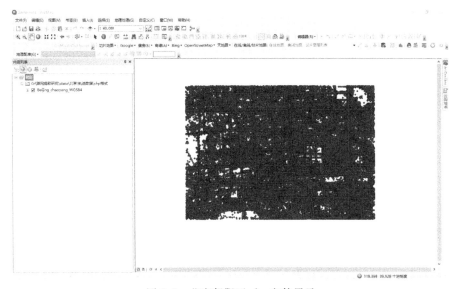

图 2.8 北京朝阳区 shp 文件展示

在工具箱中找到数据管理工具→投影与变换→要素→投影,如图 2.9 所示。

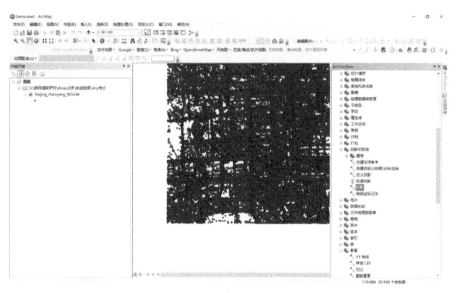

图 2.9　投影工具

点开"投影",输入数据集或要素类,选择刚才打开的北京朝阳区 shp 文件,输出数据集或要素类,选择要保存的转换为 GCS_ITRF_2000 坐标系下的北京朝阳区 shp 文件地址,如图 2.10 所示。

图 2.10　投影设置

在 ArcCatalog 中打开上一步转换成 GCS_ITRF_2000 坐标系的北京朝阳区 shp 文件,单击鼠标右键选择"属性",将图层坐标重新定义为 GCGS2000 地理坐标系,如图 2.11 和图 2.12 所示。

坐标系选择:属性→XY 坐标系→地理坐标系→Asia→China Geodetic Coordinate System 2000。

2 时空轨迹数据处理

图 2.11 坐标系设置(一)

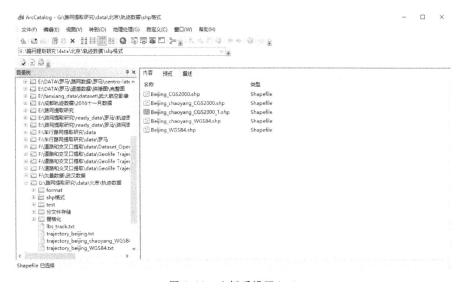

图 2.12 坐标系设置(二)

重新打开 ArcMap,打开上一步已经重新定义坐标系的 shp 文件,再次在工具箱中找到数据管理工具→投影与变换→要素→投影。我国基本比例尺地形图除1∶100 万采用兰勃特投影(Lambert)外,其他均采用高斯-克吕格投影。为减少投影变形,高斯-克吕格投影分为 3 度带或 6 度带投影。3 度带或 6 度带带号及其对应中央经线值可由公式(3.19)计算得到。

$$
\begin{aligned}
&6\text{ 度带带号} = (\text{经度} + 6°)/6 \text{ 取整} \\
&6\text{ 度带中央经度线} = (6\text{ 度带带号} \times 6) - 3 \\
&3\text{ 度带带号} = (\text{经度} + 1.5°)/3 \text{ 取整} \\
&3\text{ 度带中央经度线} = 3\text{ 度带带号} \times 3
\end{aligned}
\tag{2.19}
$$

3度分带投影:即经差为3°,从东经1.5°开始,自西向东每隔3°为一个投影带,全球共分120个带,用1,2,3,4,5…表示。即东经1.5°~4.5°为第一度带,其中央经度线的经度为东经3°;东经4.5°~7.5°为第二度带,其中央经度线的经度为东经6°;东经7.5°~10.5°为第三度带,其中央经度线的经度为东经9°(这样分带的方法使6°带的中央经度线均为3°带的中央经度线)。我国的经度范围大致在东经73°~135°,横跨22个3度带,即第25°~46带(表2.1)。

表 2.1 3 度带

带号	中央经度线/(°)	经度范围/(°)	带号	中央经度线/(°)	经度范围/(°)	带号	中央经度线/(°)	经度范围/(°)
25	75	73.5~76.5	26	78	76.5~79.5	27	81	79.5~82.5
28	84	82.5~85.5	29	87	85.5~88.5	30	90	88.5~91.5
31	93	91.5~94.5	32	96	94.5~97.5	33	99	97.5~100.5
34	102	100.5~103.5	35	105	103.5~106.5	36	108	106.5~109.5
37	111	109.5~112.5	38	114	112.5~115.5	39	117	115.5~118.5
40	120	118.5~121.5	41	123	121.5~124.5	42	126	124.5~127.5
43	129	127.5~130.5	44	132	130.5~133.5	45	135	133.5~136.5
46	138	136.5~139.5						

根据式(2.19)可以得出北京朝阳区所在的经纬度范围,查表可得使用CGCS2000 3 Degree GK CM 117E 投影坐标系,具体操作如图2.13和图2.14所示。

图 2.13 投影设置

在上一步将 GCGS2000 地理坐标系转换为 GCGS2000 投影坐标系后,打开转换好的 shp 文件,单击图层,右键选择"属性"中"常规",将十进制单位改成米,如图 2.15 所示。

2 时空轨迹数据处理

图 2.14 坐标系设置

图 2.15 属性设置

再右键单击 shp 图层,打开属性表,添加字段,添加 x、y 字段,x 和 y 字段的类型使用文本型以保证数据不会被截断导致精度损失,如图 2.16 所示。

鼠标右键单击 x 和 y,在弹出的属性栏中选择计算几何来对 x 和 y 进行赋值,需要注意坐标系中与转换出的 x 和 y 的数值相反,应进行对调。求得的 x 和 y 即为 GSGC2000 投影坐标系 x 与 y 的值,如图 2.17 所示。

至此,使用 ArcGIS 进行数据空间坐标转换操作结束,将得到的 shp 文件进行保存即可。

图 2.16 字段添加

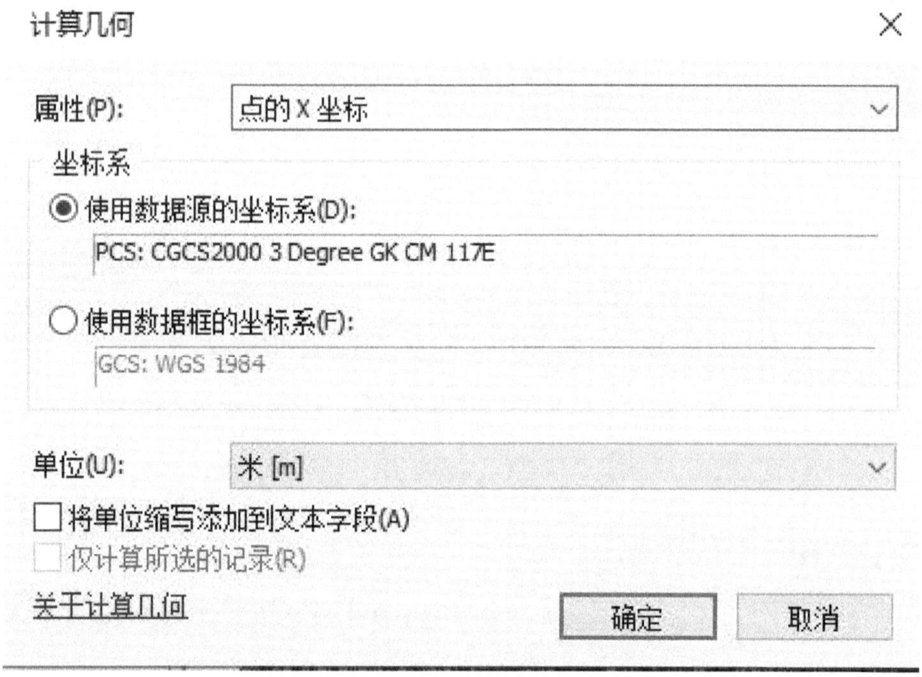

图 2.17 计算几何

2.3.2 基于 Python 编程语言的空间转换操作步骤

使用 Python 编程语言进行空间转换,通常需要使用专业的库或 API,如 Proj/Proj.4、GDAL/OGR 或 GIS 软件的 SDK 等。

以下给出一个基于 Python 和 Proj.4 库的简单示例,展示如何将 WGS84 坐标转换为 CGCS2000 坐标。首先需要安装 Proj.4 库,可以使用 pip 进行安装:

pip install pyproj

在安装完相关库后,可使用以下 Python 代码进行坐标转换(示例 2.1)。

示例 2.1 数据坐标转换 Python 代码

```
from pyproj import Proj,transform

# 定义 WGS84 和 CGCS2000 的 Proj4 字符串
wgs84_proj = Proj(init= 'epsg:4326')   # 地理坐标系 WGS84
cgcs2000_proj_1 = Proj(init= 'epsg:4548')  # 投影坐标系 PCS_CHINA_2000_3_DEGREE_GK_39N(4548)
cgcs2000_proj_2 = Proj(init= 'epsg:4490')  # 地理坐标系 CGCS_CHINA_2000

# 读取 txt 文件中的经纬度坐标
with open("G:\路网提取研究\data\北京\轨迹数据\\trajectory_beijing_chaoyang_WGS84.txt","r") as f:   # 打开文件
    data = f.read()
        arr= data.split("\n")
    for i in arr:
        list= i.split(",")
        if len(list)> 0:
            lon= list[1]
            lng= list[2]
            print(lon,lng)
            wgs84_coords = (lng,lon)
# 将 WGS84 坐标转换为 PCS_CHINA_2000_3_DEGREE_GK_39N(4548)投影坐标

cgcs2000_coords_1= transform(wgs84_proj,cgcs2000_proj_1,wgs84_coords[0],wgs84_coords[1])
        cgcs2000_coords_2 = transform(cgcs2000_proj_1,cgcs2000_proj_2,cgcs2000_coords_1[0],cgcs2000_coords_1[1])
            with open('G:\路网提取研究\data\北京\轨迹数据\\trajectory_beijing_chaoyang_2000_1.txt','a') as f:

f.write(str(cgcs2000_coords_2[1]) + ','+ str(cgcs2000_coords_2[0]) + ','+ str(cgcs2000_coords_1[1])+ ","+ str(cgcs2000_coords_1[0])+ "\n")
```

通过以上代码可将 WGS84 坐标转换为 CGCS2000 坐标,包括地理坐标系和投影坐标系。在这个例子中,`Proj`对象用于表示不同的坐标参考系统。`transform`函数用于在两个坐标参考系统之间进行转换。`epsg:4326`是 WGS84 的 EPSG 代码,而`epsg:4490`是 CGCS2000 的 EPSG 代码,`epsg:4548`是投影坐标系 PCS_CHINA_2000_3_DEGREE_GK_39N 的 EPSG 代码。两种实验方式结束后可以验证一下空间转换的差异,若差异过大可能投影坐标系的 3 度带选择有问题,需要按照计算公式自行进行计算得出所在的 3 度带再重新进行空间转换。

2.3.3 基于 Python 编程语言的时空轨迹数据批量化清洗

使用 Python 代码进行轨迹数据清洗,包括提取特征点、分割轨迹、构建参考基线和根据相似度筛选轨迹点。具体步骤包括以下几点:读取轨迹数据,并根据变化的运动状态提取特征点;根据提取的特征点将轨迹数据进行分割;使用 RANSAC 算法为每个分割段构建参考基线;计算轨迹点与基线之间的相似度,并根据设定的阈值筛选出符合要求的轨迹点。

轨迹清洗的主要流程如下。

轨迹数据读取:使用 Pandas 库读取存储在文本文件中的轨迹数据,数据包括车辆 ID、纬度、经度、载客状态和时间。

特征点提取:通过分析轨迹点的运动状态变化,提取出特征点。这些特征点通常是轨迹发生显著变化的点,如转弯或停车点。

轨迹分割:根据提取的特征点,将完整的轨迹数据分割成多个子轨迹段,每个子轨迹段代表车辆在特定时间段内的一段连续行程。

参考基线构建:使用 RANSAC(随机抽样一致性)算法为每个子轨迹段构建参考基线。基线表示轨迹的主要趋势和方向,过滤掉异常点。

相似度计算:计算每个轨迹点与参考基线之间的相似度。相似度使用地理距离(如大地距离)进行衡量。

轨迹点筛选:根据相似度阈值,筛选出与参考基线不够相似的异常轨迹点,从而完成数据清洗(示例 2.2)。

示例 2.2　时空轨迹数据清洗 Python 代码

```
import numpy as np
import pandas as pd
from sklearn.linear_model import RANSACRegressor
from geopy.distance import geodesic

# 定义读取轨迹数据的函数
def read_trajectory_data(filename):
    data=pd.read_csv(filename,sep=',',header=None,names=['vehicle_id','latitude',
'longitude','passenger_status','time'])
    return data

# 定义提取特征点的函数(基于运动状态变化)
def extract_feature_points(data):
    feature_points=[]
    for vehicle_id,group in data.groupby('vehicle_id'):
        group=group.sort_values(by='time')
        for i in range(1,len(group)-1):
```

```
            if group.iloc[i]['passenger_status']!=group.iloc[i-1]['passenger_sta
tus']:
                feature_points.append(group.iloc[i])
    return pd.DataFrame(feature_points)

# 定义按特征点分割轨迹的函数
def segment_trajectories(data,feature_points):
    segments=[]
    for vehicle_id,group in data.groupby('vehicle_id'):
        group=group.sort_values(by='time')
        fp=feature_points[feature_points['vehicle_id']==vehicle_id]
        if fp.empty:
            segments.append(group)
        else:
            indices=[group.index.get_loc(idx) for idx in fp.index]
            for start,end in zip([0]+indices,indices+[len(group)]):
                segments.append(group.iloc[start:end])
    return segments

# 定义使用 RANSAC 构建参考基线的函数
def construct_baseline(segment):
    coords=segment[['latitude','longitude']].to_numpy()
    times=np.arange(len(coords)).reshape(-1,1)
    model=RANSACRegressor().fit(times,coords)
    baseline=model.predict(times)
    return baseline

# 定义计算轨迹点与基线相似度的函数
def calculate_similarity(segment,baseline):
    similarities=[]
    for (lat,lon),(b_lat,b_lon) in zip(segment[['latitude','longitude']].to_numpy(),
baseline):
        similarity=geodesic((lat,lon),(b_lat,b_lon)).meters
        similarities.append(similarity)
    return np.array(similarities)

# 定义基于相似度筛选轨迹点的函数
def filter_trajectory_points(segment,baseline,threshold):
    similarities=calculate_similarity(segment,baseline)
    return segment[similarities<=threshold]
```

```python
# 主函数:清洗轨迹数据
def clean_trajectory_data(filename,threshold):
    data=read_trajectory_data(filename)
    feature_points=extract_feature_points(data)
    segments=segment_trajectories(data,feature_points)

    cleaned_data=[]
    for segment in segments:
        if len(segment) > 1:
            baseline=construct_baseline(segment)
            cleaned_segment=filter_trajectory_points(segment,baseline,threshold)
            cleaned_data.append(cleaned_segment)
        else:
            cleaned_data.append(segment)

    return pd.concat(cleaned_data)

# 使用示例
filename='predPaths_test.txt'
threshold=10  # 根据需要调整阈值
cleaned_data=clean_trajectory_data(filename,threshold)
cleaned_data.to_csv('cleaned_predPaths_test.txt',index=False,header=False)
```

通过上述代码可以实现时空轨迹数据的清洗,主要通过提取特征点、分割轨迹、构建参考基线,以及基于相似度筛选轨迹点来完成数据清洗。代码设计原理如下。

(1)读取数据:使用 `pandas.read_csv` 函数读取轨迹数据文件 `predPaths_test.txt`,并将其存储在 DataFrame 中。

(2)提取特征点:`extract_feature_points` 函数通过分析车辆的运动状态(如载客状态的变化)提取轨迹中的特征点。这些特征点用于标识轨迹中的关键位置。

(3)分割轨迹:`segment_trajectories` 函数根据特征点将轨迹数据分割成多个子轨迹段。每个子轨迹段代表一段连续行程。

(4)构建参考基线:`construct_baseline` 函数使用 RANSAC(随机抽样一致性)算法为每个子轨迹段构建参考基线。RANSAC 算法可以有效地处理异常值,并找到数据的主要趋势。具体实现中,使用 `RANSACRegressor` 对轨迹点的时间和坐标进行拟合,构建基线。

(5)计算相似度:`calculate_similarity` 函数使用地理距离(大地距离)计算每个轨迹点与参考基线之间的相似度。使用 `geopy.distance.geodesic` 函数来计算两点之间的地理距离。

(6)筛选轨迹点:`filter_trajectory_points` 函数根据相似度阈值筛选出与参考基线不够相似的异常轨迹点,从而完成数据清洗。通过比较每个轨迹点与参考基线的相似度值,保留相似度小于设定阈值的轨迹点。

(7)主函数整合:`clean_trajectory_data`函数整合以上步骤,实现从数据读取到清洗的完整流程。读取数据、提取特征点、分割轨迹、构建参考基线、计算相似度并筛选轨迹点,最后将清洗后的数据保存到新的文件中。

该代码通过结合地理数据处理库(如 Geopy)、数据分析库(如 Pandas 和 NumPy)、机器学习库(如 Scikit-learn)等,实现了对时空轨迹数据的自动化清洗。整个流程是从数据读取、特征点提取、轨迹分割,到参考基线构建、相似度计算和轨迹点筛选,最后将清洗后的数据输出。该方法能够有效过滤轨迹数据中的噪声、提高数据质量,适用于后续的分析和应用。

3 轨迹大数据地图匹配

3.1 地图匹配基础原理介绍

3.1.1 地图匹配原理介绍

随着科技的快速发展,尤其是自动驾驶和定位技术的日益成熟,地图匹配成为实现精准定位的关键技术之一。在自动驾驶、智能交通等领域,车辆需要实时获取自身的位置信息,以进行路径规划、导航等任务。然而,由于 GPS 等定位技术存在的误差,车辆的实际位置与定位结果之间往往存在偏差。为解决这一问题,地图匹配技术应运而生。地图匹配是一种纯软件技术的定位修正方法,它利用数字化地图信息融合传感器定位数据以产生最佳位置估计。具体而言,地图匹配的原理是指将实际采集到的位置数据如 GPS 轨迹数据与数字地图中的路网信息联系起来,通过计算车辆行驶轨迹与数字地图中道路的相似性,来识别车辆行驶的正确路段,并确定车辆在该路段上的位置,具体过程如图 3.1 所示。

图 3.1 地图匹配过程

在实际应用中,地图匹配算法首先会收集车辆的定位数据,如 GPS 坐标、速度、方向等。然后,将这些数据与地图中的道路信息进行比对,通过计算车辆轨迹与道路之间的空间关系、方向一致性、距离等因素来确定车辆在道路网中的精确位置。此外,地图匹配还可以利用高精度的数字道路地图来修正定位系统的误差。当车辆行驶在复杂道路环境中,如立交桥、隧道等 GPS 信号容易受到干扰的区域时,地图匹配技术能够结合道路几何形状、交通规则等信息,对定位结果进行修正,从而提高定位的准确性和可靠性。近些年,由车辆采集的定位数据逐渐成为城市位置服务(Location-Based Services,简称:LBS)和智能交通系统(Intelligent Transportation System,简称 ITS)应用中必不可少的数据源。地图匹配作为提高移动轨迹数据质量的必选项,对城市基础设施感知、路径规划、异常分析、拥堵预测等应用具有重要意义。

3.1.2 地图匹配算法类型及其详细介绍

根据现有研究和算法的不同特性,轨迹数据与路网数据匹配方法主要可分为基于几何的算法、基于拓扑的算法、基于概率的算法和基于高等数学理论的算法4类。这些地图匹配算法从轨迹数据与地图数据之间的相对空间信息出发,利用距离、相似度、相关性、概率值、隶属度等评价指标评判轨迹数据与地图数据的可匹配程度。针对不同密度的路网数据、不同精度质量的轨迹数据,不同的地图匹配算法在匹配结果方面均存在差异。以下内容分别从地图匹配算法的原理和算法优缺点出发,对常用地图匹配算法进行了总结。

3.1.2.1 基于几何的算法

基于几何的地图匹配算法主要研究路网和轨迹的几何特征,只利用空间路网的几何信息进行匹配,而不考虑路段间的连接方式。常用方法主要有以下几种。

(1)点对点匹配算法:每个定位如GPS点都与道路段中最近的节点或道路段的形状点相匹配,算法简单且计算负载低,但是匹配结果易受数据异常值影响,尤其在交叉口附近,匹配错误率较高,且对空间路网数据的生成方式非常敏感,具有更多形状点的弧才有可能被正确匹配,实用性不强。

(2)点对弧匹配算法:将道路网络中的所有路段都看作候选路段,计算从导航系统获得的定位到每个候选路段的投影距离,将它与道路网络中最近的弧匹配,相应的投影点就是匹配节点。该方法比点对点匹配算法的结果更好,准确性有所提高,但由于没有考虑其他空间因素,它在并行路段或交叉路口容易产生错误匹配,且在道路密度高时匹配精度锐减,算法缺乏稳定性。为提高点对弧匹配算法的准确度,一些相应的改进方法也被提出。例如,将轨迹点投影到可能的路段上,然后根据投影点的特征进行匹配;利用条件检测改进点到弧的匹配方法,也即条件检测中通过对轨迹点航向、道路之间的距离、轨迹点与道路之间的距离、路网的连通性设置阈值,选择满足阈值的路段进行匹配,缺陷是阈值设定困难。

(3)弧对弧匹配算法:将车辆的历史轨迹与已知道路进行比较,选择相似度最高的路段进行匹配。弧对弧匹配算法考虑了车辆的历史信息,提高了匹配效率,但对异常值非常敏感且依赖于点对点匹配识别候选节点,若定位点与非正确匹配路段非常近将导致严重误差。另外,弧与弧之间距离计算复杂,甚至很难确定,因此当采用不同方法计算距离时会产生不同的匹配结果,导致算法稳定性差。现有的弧到弧匹配算法改进措施包括分段匹配算法、曲线拟合算法、基于旋转变量矩阵的分段地图匹配算法。其中,分段匹配算法通过将轨迹段与路段进行分段,然后计算每一段的距离值进行匹配;曲线拟合算法则采用连续的一次曲线近似描述轨迹曲线,然后通过与路段进行相似度计算完成匹配;基于旋转变量矩阵的分段地图匹配算法则是通过计算轨迹弧与路段切线矢量之间的夹角,计算这些夹角的方差(旋转变量系数),量化两弧段之间的相似程度进行匹配。

综合来说,基于几何的地图匹配算法原理简单、易于实现,但忽略了拓扑信息、交通规则信息,导致对复杂的路网场景,如立交桥、高架桥等场景,匹配混乱或错误,且一旦出现错误匹配无法及时修正,稳定性较差。

3.1.2.2 基于拓扑的算法

在地理信息系统中,拓扑是指点、线、多边形等实体之间的关系,主要包括邻接、连通、包含和关联关系。基于拓扑的地图匹配算法侧重轨迹数据与路网之间的拓扑关系,通过路网来建立图结构并整合拓扑信息,使用历史数据、车辆速度和道路拓扑特征等额外信息来限制采样点的候选匹配。代表性的算法主要有简单拓扑关系匹配方法和加权拓扑匹配方法,其中前者利用历史采集点和空间路网数据来提高匹配效率,但容易受到采集噪声和数据稀疏性的影响,在复杂路况下容易发生错误匹配;后者通过考虑轨迹点到路段的距离、方向一致性、路段的通行能力(如车道数、车速限制等)和历史交通数据等因素进行加权计算得到该路段的总权重,最终选择权重最大的路段作为匹配结果,综合考虑多种因素,提高了匹配的准确性和可靠性,但权重的计算可能受到数据质量、地图精度和计算资源等因素的影响。

基于拓扑的地图匹配算法,考虑了定位点与道路的距离、路网的拓扑连通性和历史采集点,使匹配效率和准确性有所提高。然而,它仍然容易受到采集噪声和数据稀疏性的影响,无法很好地解决复杂的城市道路问题。并且它对拓扑节点的识别匹配要求较高,如果拓扑节点识别不准确,可能导致匹配结果出现偏差。另外,对于某些特殊道路结构,如立交桥、环形路等,拓扑关系可能变得复杂,增加了匹配的难度。

3.1.2.3 基于概率的算法

基于概率的地图匹配算法是一种通过概率统计原理来确定车辆在地图上的最可能位置的算法,最早由 Honey 等在 1989 年提出,利用计算机估计车辆行驶方向和位置距离,并使用航位推测法来推测车辆所在路段。它的核心思想是利用概率论与数理统计的基本原理,结合电子地图提供的道路信息,在车辆始终在道路上行驶的前提下,在导航传感器获得的定位点周围定义一个椭圆或矩形的置信区域。该置信区域包含了车辆行驶的所有可能路段即候选匹配路段,然后根据已有匹配结果的概率统计确定轨迹数据在置信区域内的最佳匹配路段,最终计算车辆在最优匹配路段上所处的位置。常用模型主要有以下几种。

(1)隐马尔可夫模型(Hidden Markov Model,简称 HMM):是一种概率图模型,用于描述状态序列和观测序列之间的关系。在地图匹配中,道路网络被视为状态空间,而 GPS 位置点被视为观测序列,HMM 模型通过状态转移概率和观测概率来计算位置点在各条道路上的概率分布,从而确定最可能的匹配结果。该模型考虑了位置点之间的时序关系,且不需要训练数据,非常适合应用于轨迹匹配,能够处理位置数据的不确定性和噪声。但是,它需要事先定义好状态空间和观测空间,对模型参数的选择较为敏感,且由于需要计算最短路径导致计算复杂度较高。

(2)条件随机场(Conditional Random Fields,简称 CRF):是一种判别式概率无向图模型,用于对序列数据进行建模。在地图匹配中,CRF 可以利用道路网络的拓扑结构和 GPS 轨迹的时空关系,将道路匹配结果作为标注变量,通过学习条件概率分布来确定最可能的匹配结果。CRF 模型能够灵活地建模位置点与道路之间的关系,适用于复杂的匹配场景,并且可以处理多种类型的特征信息。但是它需要大量的标注数据进行训练,模型复杂度较高,训练和推断时间较长。

(3)非参数滤波算法:通常用于处理那些难以用参数模型准确描述的问题,是一种在地图匹配中广泛应用的方法。它不依赖于确定的后验函数,而是通过有限数量的值来近似后验。这种滤波算法不依赖于具体的参数模型,而是通过数据本身来估计状态或位置的概率分布。在地图匹配中,由于道路网络的复杂性、GPS定位的误差和车辆行驶的不确定性,使用参数模型进行地图匹配可能会受到限制。而非参数滤波算法则能够更灵活地处理这些复杂情况,提供更准确的匹配结果。其中,直方图滤波(Histogram Filter,简称 HF)算法和粒子滤波(Particle Filter,简称 PF)算法是非参数滤波算法中的两种重要算法。HF 算法通过构建直方图来展示车辆可能位置的概率分布,匹配结果更加直观和易于理解。该算法不依赖于特定的参数模型,具有较强的适应性,能够处理各种复杂的道路网络和行驶情况,包括处理 GPS 定位误差和地图数据的不准确性,但存在计算量大、对灰度分布敏感等局限性。PF 算法则利用粒子滤波来对位置点在道路上的匹配进行估计,通过不断更新粒子权重来寻找最优匹配结果。该算法在处理非线性和非高斯分布问题时具有显著优势,能有效处理复杂道路网络和车辆行驶的不确定性;同时,它可以处理多模态的状态估计问题,即当存在多个可能的车辆位置时能够根据观测数据和信息来更新粒子的权重和分布,从而选择最可能的位置。然而,它需要大量的粒子来保证匹配精度,其计算复杂度随粒子数量的增加而增加,对计算资源要求较高。非参数滤波算法灵活性和适应性强,不依赖于具体的参数模型,能够处理各种复杂的道路网络和行驶情况。通过利用大量的观测数据,能够提供更为准确和可靠的地图匹配结果。但是,其计算量较大,特别是在处理大规模道路网络和实时数据流时,可能会面临计算资源和时间的挑战。

从算法原理和实际匹配效果来看,基于概率的地图匹配方法主要根据定位误差特性,采用概率统计方法融合轨迹数据和路网数据来解决地图匹配中的不确定性,从而获得最优位置估计。这类方法可以灵活地整合位置点的特征信息、道路网络的拓扑结构等多种信息源,并有效地处理位置数据中存在的不确定性和噪声,提高匹配的准确性、鲁棒性和可靠性。然而,它也存在一些局限性,如模型难以构建、参数选择敏感对匹配结果影响较大,计算复杂度较高导致算法执行效率不高,无法满足实时性的需求等。

3.1.2.4 基于高等数学理论的算法

基于高等数学理论的地图匹配算法往往综合考虑道路网络的拓扑结构和轨迹数据中的噪声等全面信息,使用大量的训练数据集来进行逐点匹配,常用算法主要包括以下几种。

(1)模糊逻辑算法:模糊逻辑算法通过引入模糊逻辑评判规则定义模糊隶属度函数,并以隶属度函数为基础对候选路段是当前车辆所在路段的可能性做出评判。例如,模糊逻辑评判规则可以根据候选路段车辆行驶方向与车辆当前行驶方向、候选路段与当前车辆之间的距离,以及候选路段形状与车辆行驶轨迹的相似度来进行设定。从算法复杂度和匹配效果分析,模糊逻辑算法鲁棒性比基于几何的匹配算法更强;相比于基于概率的匹配算法,模糊逻辑算法不需要定位数据的误差特性和匹配的先验知识,而是根据隶属度函数描述不确定性,算法复杂度低,比较适合高密度网络数据。同时,由于该算法采用了模糊推理,可以处理一些模糊和不确定的信息,使得匹配结果更加符合实际情况。算法具有实时性与鲁棒性较好、匹配效率较高等优点,但存在计算开销较大、缺乏理论依据、对输入要素的利用率较低和实用性较差等问题。

(2)卡尔曼滤波(Kalman filtering,简称 KF)算法:卡尔曼滤波是一种高效的递归滤波器,基于不完全观测和不确定的系统噪声,能在有限的时间内高效地估计系统的状态。其核心思想是将未知状态分为已知部分(观测值)和未知部分(噪声)两部分,通过对两部分进行线性估计,可以得到系统的最佳估计值。基于卡尔曼滤波的动态估计特性,可以将车辆的实时定位数据与地图道路信息相结合,通过滤波处理来提高地图匹配的准确性。该算法通过预测和更新两个步骤来不断优化对车辆位置的估计。在预测步骤中,算法利用系统的动态模型和控制输入来预测车辆的下一个可能位置。在更新步骤中,算法根据传感器提供的测量数据(如 GPS 数据)和预测的状态值,结合地图道路信息,计算出最优的状态估计值。KF 算法效率高、实时性强、稳定性较高,尤其是在交叉路口,且不需要保留大量的历史数据,只需要前一个状态量,这使得它在处理大数据时具有很大的优势。但是,该算法仅适用于线性系统,对非线性系统的估计效果并不理想,并且当系统模型不精确时滤波效果会受到影响。此外,它对于时间序列的变化并不敏感,这可能导致在某些情况下(如目标被遮挡较长时间)预测的不确定性增加,影响匹配精度。

(3)Dempster-Shafer 证据理论(D-S 证据理论)算法:D-S 证据理论是由传统的贝叶斯理论推广而来的一种不确定性推理理论,可以通过多准则决策融合方法,根据不完备、不精确的证据得到唯一明确的选择。具体而言,D-S 证据理论首先定义了一个识别框架,该框架包含了所有可能的假设或命题,即车辆可能位于的所有道路段。然后为每个证据源(如 GPS 数据、地图数据、车辆传感器数据等)分配一个基本概率分配函数来表示证据源对每个命题的支持程度,再使用 Dempster 合成规则将其融合为一个综合的基本概率分配函数。最后比较融合后的各候选路段支持度大小,选定支持度最高的路段作为匹配路段。该算法具有坚实的数学基础,能够处理由随机性和模糊性导致的不确定性,提供一种系统的方法来组合不同来源的证据,从而得出更准确的匹配结果,在处理复杂问题时具有较高的稳定性和可靠性。但其缺点在于当前一些 D-S 证据理论算法只考虑了车辆位置和方向两种信息,3 种以上信息的融合模型还有待研究,另外对于车辆位置和方向两种证据量化时方法设计和权重值选取都比较困难,导致算法实现复杂。

基于高等数学理论的算法采用了先进的技术手段,准确率普遍较高,尤其在空旷的道路如郊区、农村等,同时在城市道路上效果也不错。但这些算法因往往需要大量的训练数据集来进行逐点匹配而导致应用困难,其受复杂路网、采样率等因素影响较大,当采样率较低时这些算法仍然表现不佳。此外,将轨迹数据简单地看作随机过程中独立和相同分布的随机变量的集合非常不合理。

3.2 实习目的和要求

3.2.1 实习目的

(1)了解地图匹配算法的基本原理,理解如何根据车辆的 GPS 定位数据,结合电子地图的道路网络,实现精确定位和路径匹配。

(2)掌握地图匹配的具体操作方法,包括数据预处理、特征提取、匹配算法选择、结果评估和定位修正等关键步骤,为实际操作提供技术支持。

(3)了解不同地图匹配算法之间的异同,能够根据具体应用场景选择合适的算法进行位置数据匹配。

(4)培养对地图匹配算法的实际应用意识,探索如何将算法应用于实际项目中,锻炼学生的编程能力、问题解决能力和创新思维。

(5)帮助学生对地图匹配算法有深入的了解和实践经验,为未来的学术研究和职业发展提供有力的支撑。

3.2.2 实习要求

(1)了解 HMM 地图匹配算法的具体原理,包括转移概率和观察概率等关键概念。

(2)熟悉 HMM 地图匹配算法的工作流程,能够清晰描述算法的整体框架和关键步骤。

(3)熟练掌握基于 HMM 地图匹配算法的编码实现,独立编写代码实现算法的核心功能,包括模型初始化、参数估计、状态转移和观测序列生成等过程。

(4)具备分析和评估 HMM 地图匹配算法性能的能力,包括准确性、稳定性和实时性等方面的指标,并能够根据评估结果对算法进行优化改进,提高匹配准确性和效率。

(5)了解地理空间数据的获取、处理与应用,并能综合运用编程知识实现大数据的分析与可视化,从而掌握并巩固地理空间数据的生产与应用。

(6)撰写实习报告,包括实验操作步骤、实验结果与分析和工作总结等。

3.3 实习任务和内容

3.3.1 实习任务 1:基于 HMM 地图匹配算法轨迹匹配代码实现

地图匹配算法是将存在误差或漂移的 GNSS 轨迹点与道路路网进行匹配的算法,它常常用于还原轨迹点的真实位置和移动对象的真实移动轨迹。从问题的本质上来说,地图匹配问题可以扩展为一个优化问题,即搜索 GNSS 轨迹点与路网道路相匹配的最佳解。换句话说,解决地图匹配问题就是为每个 GNSS 轨迹点在道路网上找到一个最优位置点。其中,隐马尔可夫模型(Hidden Markov Model,简称 HMM)地图匹配算法是一种基于统计模型的地图匹配方法,将轨迹信息作为一个整体来考虑,能将 GNSS 轨迹数据与路网数据进行匹配,表现十分优秀且不需要庞大的训练数据集。地图匹配的关键问题是需要权衡位置数据所建议的道路与路径的可行性。虽然位置数据是路径的唯一指标非常重要，但天真地将每个噪声点与最近的道路相匹配会导致极其不合理的路径，包括奇怪的"U"形弯、低效的绕行和整体上奇怪的驾驶行为。为了避免不合理的路径，HMM算法引入了道路网络的连接性知识，以一种规则化的方式平稳地整合噪声数据和路径约束。

HMM地图匹配算法过程主要包括：①数据预处理，将路网地图转换为HMM模型，并将GNSS轨迹数据按时间戳序列排序；②初始状态，选择一个GNSS轨迹点作为初始状态点，并将该点的位置作为HMM模型中的起始状态；③观察概率，计算GNSS轨迹点与路网地图上的每个路段的匹配概率，并将匹配概率作为观察概率；④状态转移，根据转移概率和GNSS轨迹数据中相邻前后两个点的距离，计算出HMM模型中每个状态之间的转移概率，并利用动态路径规划算法计算最佳路径；⑤匹配结果，通过比较不同路径的匹配概率，选择最佳匹配路径，得到GNSS轨迹数据在路网地图上的匹配结果。显然，HMM地图匹配算法是一种基于概率模型的地图匹配方法，可以在路网地图中比较精确地定位GNSS轨迹数据的准确位置。

综上可知，计算过程用HMM模型来模拟，主要由观察概率和转移概率来计算初始轨迹点在道路网上的最佳位置点，即取综合概率最大的对应位置点为最佳匹配位置点。

3.3.1.1 距离约束的观察概率

观察概率（也称为发射概率）给出了某个距离度量结果来自某个给定状态点的可能性，仅基于距离测量的结果。对于每个观察点对应的多个状态点有多个观察概率值，也就是说，对于与观察点距离近的状态点有更大的可能性符合实际正确的匹配点，反之距离观察点较远的路段上的状态点不太可能是匹配点。在大多数已有的研究中，一般假设GNSS定位误差服从正态分布$N(\mu,\sigma^2)$，并且它采用欧式距离来计算状态点与GNSS观测值之间的距离度量。因此，经典距离约束的观察概率根据式(3.1)来计算。

$$P_d(o_i \mid s_i^k) = \frac{1}{\sqrt{2\pi}\sigma_d}\exp\left\{-\frac{1}{2\sigma_d^2}\left[d(o_i,s_i^k)-\mu\right]^2\right\} \tag{3.1}$$

式中：μ为GNSS定位误差期望值，包括GNSS设备的系统误差和制图误差；σ_d^2为GNSS定位误差的方差。在实际计算过程中，并不考虑匹配距离较大的路段，在算法中将距离值超过200m的观察概率设置为零，从而减少地图匹配算法考虑的候选状态点和计算量，进而减少算法运行时间。有些研究并没有考虑GNSS定位误差期望值μ，这些针对细节上的考虑都是结合具体的数据来源而决定的。

3.3.1.2 距离约束的转移概率

转移概率用于表征车辆从前一个位置点（用x_i表示）移动到下一个位置点（用x_{i+1}表示）的可能性。理论上认为，对于正确的地图匹配，前后候选状态点之间的最短距离和前后观察点之间的欧式距离将大致相同。这是因为一对正确匹配点之间在道路上行驶的相对较短的距离与观察的GNSS点之间的距离大致相同。因此，研究者直接使用最短距离$D(x_i,x_{i+1})$和欧式距离$d(x_i,x_{i+1})$来定义转移概率，根据式(3.2)计算。

$$P_{\text{T}}(x_{i+1} \mid x_i) = \frac{d(x_i, x_{i+1})}{D(x_i, x_{i+1})} \tag{3.2}$$

路网最短距离 $D(x_i, x_{i+1})$ 可以通过 Dijkstra 或者 A* 最短路径算法求得,理论上,欧氏距离总是地理空间中任何一对点之间的最短距离,因此转移概率一定小于或等于1,符合正常的概率计算。

3.3.1.3 维特比算法

维特比算法(Viterbi Algorithm)是机器学习中应用非常广泛的动态规划算法,它不仅是很多自然语言处理的解码算法,也是现代数字通信中使用最频繁的算法,常用于求解隐马尔可夫模型等概率计算,旨在寻找给定观测序列的最有可能的隐藏状态序列。它的基本原理是使用动态规划的思想,从前向后递推地计算出每个状态的概率,并记录下最有可能的状态路径。该算法定义了 δ 和 ψ 两个重要的变量,其中,$\delta_t(i)$ 表示在时刻 t 状态为 i 时观测序列 O 出现的概率的最大值;而 $\psi_t(i)$ 则表示在时刻 t 状态为 i 时概率最大的前一个状态,算法推导过程如下。

输入:模型 $\lambda = (A, B, \pi)$ 和观测序列 $O = (o_1, o_2, \cdots, o_T)$

输出:最优的隐状态路径 $I = (i_1, i_2, \cdots, i_T)$

(1) 初始化。

$\delta_1(i) = \pi_i b_i(o_1), i = 1, 2, \cdots, N$

$\psi_1(i) = 0, i = 1, 2, \cdots, N$

其中,π_i 是初始状态概率,$b_i(o_1)$ 是在状态 i 下观测到 O_1 的概率。

(2) 递推。

对于 $t = 2, 3, \cdots, T$,计算:

$\delta_t(i) = \max_{1 \leqslant j \leqslant N} [\delta_{t-1}(j) a_{ji}] b_i(o_t), i = 1, 2, \cdots, N$

$\psi_t(i) = \arg\max_{1 \leqslant j \leqslant N} [\delta_{t-1}(j) a_{ji}], i = 1, 2, \cdots, N$

其中,a_{ji} 是从状态 j 转移到状态 i 的转移概率。

(3) 终止。

$P^* = \max_{1 \leqslant j \leqslant N} \delta_T(i)$

$i_T = \arg\max_{1 \leqslant j \leqslant N} [\delta_T(i)]$

当计算到最后一个时刻 T 时,δ_T 中的最大值即为整个观测序列 O 出现的最大概率,对应的状态即为最优路径的最后一个状态。

3.3.1.4 回溯最优路径

从最后一个时刻 T 的最优状态开始,根据 ψ 回溯到前一个时刻的最优状态,以此类推,直到回到初始时刻,从而得到整个最优状态序列。对于 $t = T-1, T-2, \cdots, 1$,计算:$i_t = \psi_{t+1}(i_{t+1})$。

本节重点描述了近年来经典的 HMM 地图匹配算法模型中的两个主要概率模型计算过程和维特比算法解码基本原理。除此以外,首先,整个地图匹配过程还包括构建路网有向图、使用维特比算法提取所有候选状态点中观察概率和转移概率乘积的累计及最大的候选状态点集;然后,通过回溯获取匹配点点集得到最优轨迹匹配结果;最后,剔除断点并获得地图匹配轨迹的最终结果。HMM 地图匹配算法的详细实现过程如下。

输入：路网地图$[G=(V,E,W)]$、GNSS 轨迹数据$\{D=[(\text{lat}_1,\text{lng}_1,t_1,\cdots),(\text{lat}_2,\text{lng}_2,t_2,\cdots),\cdots,(\text{lat}_n,\text{lng}_n,t_n,\cdots)]\}$、阈值(threshold value)

输出：GNSS 轨迹数据在路网地图上的最佳匹配结果

(1)初始化 HMM 模型。

①对于每个节点 $v\in V$，将 v 作为 HMM 模型中的一个状态；②计算每个状态之间的转移概率，其中转移概率为两个相邻节点之间的权重除以两个节点之间的距离；③将起始状态设置为第一个 GNSS 点所在的节点。

(2)匹配 GNSS 轨迹数据。

①对于每个 GNSS 轨迹点$(\text{lat},\text{lng},t,\cdots)$，计算其与路网地图中所有道路的匹配概率，即计算 $P(\text{observation}|\text{state})$；

②利用 Viterbi 算法计算出最佳路径，即在 HMM 模型中从起始状态到终止状态的一条最佳匹配路径；

③如果该最佳路径的匹配程度大于阈值，则认为该 GNSS 轨迹点成功匹配，将匹配结果加入输出集合中；

④将该 GNSS 轨迹点所在的节点作为起始状态，继续匹配下一个 GNSS 轨迹点。

(3)返回匹配结果。

其中，$P(\text{observation}|\text{state})$表示给定状态下观测值出现的概率，即给定某个节点 v 作为当前状态，GNSS 点的经纬度与 v 所代表的道路的匹配程度。另外，维特比算法用于寻找最有可能产生观测事件序列的维特比路径，因而用于计算 HMM 模型中的最佳路径。

3.3.2 实习任务 2：基于改进 HMM 地图匹配算法轨迹匹配代码实现

经过深入研究发现，在 HMM 地图匹配算法中，观察概率和转移概率的计算是关键因素，对算法的准确性和精确度有重要影响。为了提高地图匹配的准确性和复杂交叉口的匹配精确度，本节提出一种改进的 HMM 算法，通过添加角度约束和速度约束来保证匹配的精确度和一致性，同时优化计算公式，以提高算法的运行效率。改进算法在 Hu 等的研究工作的基础上进行了改进。首先，优化了观察概率模型中的方向角度计算方法，引入了角度约束来保证匹配的准确性。然后，考虑了轨迹速度因素，并将其添加至转移概率模型中计算，以提高匹配的精确度和一致性。改进后的 HMM 算法相较于 Hu 等提出的算法，在匹配准确率上得到了明显提高，特别是对于在复杂交叉路口收集的轨迹点，改进后的算法可以更准确地匹配。此外，实验表明，改进后的算法不仅可以处理高采样率的 GNSS 轨迹数据，还可以对大规模低采样率的 GNSS 轨迹数据进行有效和较高精度的地图匹配。因此，改进后的算法在实际应用中具有广泛的适用性，可以为各种类型的轨迹数据提供高质量的地图匹配结果，为城市交通管理和智能驾驶等领域的研究提供有力支持。

3.3.2.1 考虑角度约束的观察概率

基于现有 HMM 地图匹配算法的研究基础对 HMM 模型进行一定的改进。对于一条轨迹 $\text{Tra}=(p_1,\cdots,p_{i-1},p_i,p_{i+1},\cdots,p_n)$，假设 p_{i-1},p_i,p_{i+1} 是地图匹配的候选点集，s_{i-1}^k，s_i^k，

$s_{i+1}{}^k$ 对应于它们的状态点集。基于 HMM 的地图匹配的关键思路是根据其对应的状态点计算轨迹点的观察概率和转移概率。轨迹点的观察概率和转移概率的计算过程在两层中进行,包括观察层和状态层,如图 3.2 所示。具体来说,观察概率量化了轨迹点与候选状态匹配的可能性。对于大多数基于 HMM 的地图匹配算法,观察概率是根据候选轨迹点到路网的欧式距离来计算的。而本书改进了角度特征的观测概率的计算方法,增加了轨迹点与定向路段之间的角度因素[见式(3.3)]。因此,角度特征方面的观测概率可以根据式(3.4)来计算。

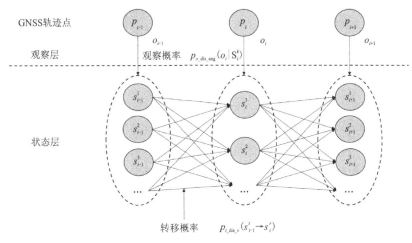

图 3.2 HMM 模型过程示意图

$$\alpha = \begin{cases} |\beta - \gamma|, & |\beta - \gamma| < 180° \\ 360° - |\beta - \gamma|, & |\beta - \gamma| \geqslant 180° \end{cases} \tag{3.3}$$

$$p_{\text{angle}}(o_i \mid s_i^k) = \frac{\cos\alpha + 1}{2} \tag{3.4}$$

式中:β 表示轨迹点 p_i 的航向角;γ 表示候选匹配路段与北方方向的角度;α 表示 β 与 γ 之差;参数 $P_{\text{angle}}(o_i \mid s_i^k)$ 表示从角度特征上看,观测点 o_i 与其对应的候选状态点 s_i^k 的观察概率。

距离因素的观察概率的计算方法与基于 HMM 的地图匹配算法的原始版本相似。角度和距离因素的综合观测概率[记为 $P_{o\_dis\_ang}(o_i \mid s_i^k)$]根据式(3.5)计算,式中 $P_{\text{dis}}(o_i \mid s_i^k)$ 表示观测点 o_i 和其对应的候选状态点 s_i^k 在距离因素的观察概率,ω_d 和 ω_a 分别为其对应的权重,并且 $\omega_d + \omega_a = 1$。

$$P_{o\_dis\_ang}(o_i \mid s_i^k) = \omega_d P_{\text{dis}}(o_i \mid s_i^k) * \omega_a P_{\text{angle}}(o_i \mid s_i^k) \tag{3.5}$$

3.3.2.2 考虑速度约束的转移概率

转移概率量化了前一个轨迹点的状态点转变为当前轨迹点的状态的可能性。现有的基于 HMM 的地图匹配算法的研究主要考虑轨迹点的距离特征。在本书中,针对基于不同类型道路的速度限制情况不同的考虑,将轨迹点的速度加入转移概率的计算方法中,具体过程如图 3.2 所示。例如,在中国车辆左匝道的行驶速度被限制在 40km/h 以内,低于其相邻的主干道上的行驶速度 60km/h。添加速度因素的转移概率可以根据式(3.6)计算,式中的 v_{i-1} 和 v_i 分别表示前一个轨迹点 p_{i-1} 和当前轨迹点 p_i 的速度。式(3.6)中的分母参数表示从轨迹点

p_{i-1} 的候选状态点 s_{i-1}^t 到轨迹点 p_i 的候选状态点 s_i^r 的平均速度。从 s_{i-1}^t 到 s_i^r 的距离是路网距离,根据最短路径算法 A* 得到。距离因素的转移概率与基于 HMM 的地图匹配算法的原始版本相同。另外,速度和距离两个因素的综合转移概率可以根据式(3.7)计算,其中 $P_{t\_dis\_v}(s_{i-1}^t|s_i^r)$ 表示轨迹点 p_{i-1} 的候选状态点 s_{i-1}^t 和轨迹点 p_i 的候选状态点 s_i^r 的转移概率,ω_{t_dis} 和 ω_{t_speed} 分别为它们的权重,并且 $\omega_{t\_dis}+\omega_{t\_speed}=1$。

$$P_{t\_v}(s_{i-1}^t \to s_i^r) = \frac{\frac{(v_{i-1}+v_i)}{2}}{v_{(i-1,t)\to(i,r)}} \tag{3.6}$$

$$P_{t\_dis\_v}(s_{i-1}^t \to s_i^r) = \omega_{t\_dis} P_{t\_dis}(s_{i-1}^t | s_i^r) * \omega_{t\_v} P_{t\_v}(s_{i-1}^t \to s_i^r) \tag{3.7}$$

3.4 技术路线与原理分析

地理空间数据按照来源可以分为专业测量方式获取的高精度地理空间数据、群众自发或被动采集的众源空间数据。本次实验以城市车辆安装的 GNSS 定位装置采集端获取的居民出行轨迹数据为主,实现基于 HMM 地图匹配算法的轨迹匹配过程。通过此次实习,学生能了解地理空间数据的获取、处理与应用,并能综合运用编程知识实现大数据的分析与可视化,从而掌握并巩固地理空间数据生产与应用。根据实习目的与要求,结合学生的实践能力和学习情况,将本次实验分为两个部分:地理空间数据——GNSS 轨迹数据的管理与可视化、基于 Python 编程方法的 HMM 地图匹配算法轨迹匹配代码实现。

3.4.1 实验任务

实验任务 1:GNSS 轨迹数据的管理与可视化。

以北京市路网和相关轨迹数据作为典型案例进行实验分析,考虑到北京市路网较为复杂且范围大,增加了实验的复杂度与时间成本,因此通过截取北京市中心城区的路网数据作为主要实验区域来完成后续实习任务。

通过 Python 编程和 ArcGIS 软件实现 GNSS 轨迹数据的管理和可视化,具体包括:①众源轨迹数据格式转换——txt 格式转 shapefile 格式;②众源轨迹数据清洗——清除不在指定范围内的轨迹点;③数据在 ArcGIS 平台的读取与显示——轨迹数据读取与可视化、路网数据读取与可视化,以及轨迹数据和路网数据的截取和坐标投影变换。

实验任务 2:基于 Python 编程方法的 HMM 地图匹配算法轨迹匹配代码实现。

利用 Python 编程语言实现基于 HMM 地图匹配算法的轨迹匹配过程。隐马尔可夫模型算法 HMM 是目前最常用的地图匹配算法之一,性能表现优秀,实现地图匹配的精度能够达到 90% 以上,故选择该算法来实现本次地图匹配实验,并对算法进行优化改进。

3.4.2 实验准备

3.4.2.1 实验软件

推荐使用:ArcGIS 10.7;Pycharm 2019.3.4+Python3.7 或 Anaconda3

Pycharm 2019.3.4+Python3.7 安装资源

链接:https://pan.baidu.com/s/1j84_r8LkCqdkGbue6fVcTw

提取码:neiq

实验软件可根据学生实际情况选择。

3.4.2.2 实验数据

"北京市路网和轨迹实习数据"文件夹包括北京市原始的众源轨迹数据和原始路网数据,其中 road 文件为原始路网数据,taxi_log_2008_by_id 文件为原始轨迹数据。数据资源地址如下。

链接:https://pan.baidu.com/s/1rIPvcdBs8I8WJ nLmTC4ncw

提取码:7vog

(1)"taxi_log_2008_by_id"文件为北京市出租车车辆内置 GNSS 定位装置采集的居民出行轨迹数据。包含 10 000 多辆出租车采集的轨迹数据,每一辆出租车采集的轨迹点存储为一个单独的 txt 文档,文档中包含了车辆的编号、轨迹点采集时间、采集时车辆当前所处的空间位置(经纬度),如图 3.3 所示。

GNSS 轨迹数据共有 4 列,对应 4 个字段(以逗号分隔开),第一列为出租车 id、第二列对应时间记录日志、第三列和第四列分别表示经度坐标和纬度坐标。

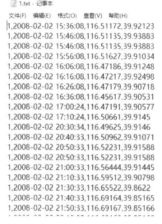

图 3.3 原始轨迹数据

如图 3.4 所示,轨迹数据的时间采样间隔主要集中在 0~6min,平均采样时间间隔为 177s,而采样距离间隔集中在 0~1000m,平均采样距离间隔为 623m。

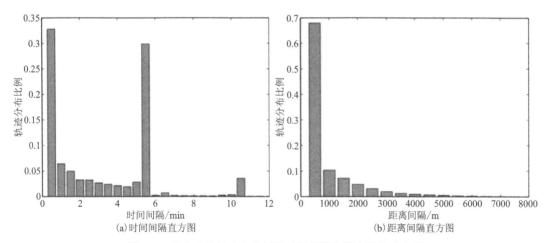

图 3.4 两个连续轨迹点之间的时间间隔和距离间隙直方图

(2)road 文件中的"edges"是北京市的原始路网数据,为 shapefile 文件格式。

3.4.3 实验步骤及方法

3.4.3.1 众源轨迹数据格式转换

原始的众源轨迹数据为 txt 文本格式,若通过 ArcGIS 读取输出 shapefile 格式文件则效率较低,而采用 Python 代码实现数据格式转换可以批量快速实现。该功能通过"TXT2shp_date2timestamp.py"文件实现,该文件除了可以批量转换 txt 格式为 shapefile 文件格式外,还能将记录的日期格式时间转换为时间戳。

格式转换流程如下。

第一步 启动 Pycharm。

打开"TXT2shp_date2timestamp.py"文件,以"北京市路网和轨迹实习数据"文件夹放在桌面为例,数据输入和输出路径展示如图 3.5 所示,转换后的数据单独存放在新建文件夹"shp"中。学生可自行修改输入输出路径和转换前车辆的数量,参考值设置为 1000。

第二步 运行程序,实现数据格式转换。

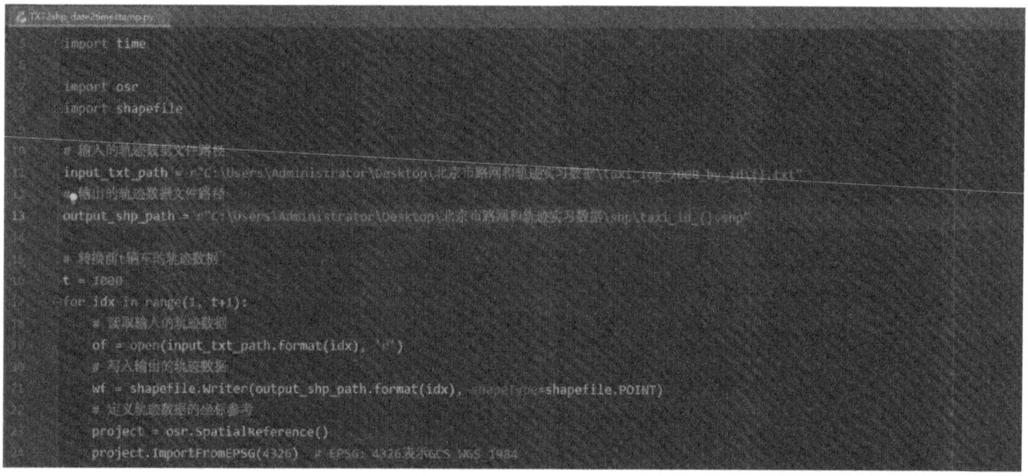

图 3.5 轨迹数据格式转换路径设置图

3.4.3.2 数据在 ArcGIS 平台的读取与显示部分

第一步 轨迹数据读取和可视化。

打开 ArcMap,点击"连接到文件夹"找到上一步转换数据格式后输出的轨迹数据路径,点击"添加数据"找到连接的路径选中所有的轨迹数据,然后点击"添加",即实现轨迹数据在 ArcMap 中的可视化显示(图 3.6)。

第二步 路网数据读取和可视化。

打开 ArcMap,如果轨迹数据和路网数据在同一路径下,可直接点击"添加数据"添加路网数据,否则需要通过"文件夹连接"来连接路网数据所在的路径后才能添加路网数据,点击"添加"实现路网数据可视化显示。路网数据和轨迹数据可视化结果参考如图 3.7 所示。

3 轨迹大数据地图匹配

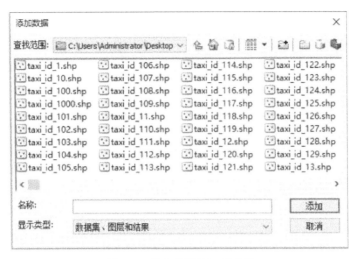

图 3.6 轨迹数据添加示意图

高斯投影前

图 3.7 地理坐标下的路网数据和轨迹数据可视化显示

第三步 路网数据和轨迹数据高斯克吕格投影变换。

由于地图匹配涉及几何距离的计算,投影后的几何计算精度更高,所以需要进行高斯克吕格投影变换。打开 ArcMap,点击"Arctoolbox"→"数据管理工具"→"投影和变换"→"要素"→"批量投影",如图 3.8 所示。输入添加所有的轨迹数据和路网数据,选择输出的路径,定义输出坐标系,选择"投影坐标系"→"Gauss Kruger"→"Xian 1980"(图 3.9),双击"Xian 1980 3 Degree GK CM 120E"定义高斯投影,如图 3.10 所示。在投影坐标系属性弹窗中,自行修改名称,单击"更改"→"地理坐标系"→"World"→"WGS 1984",最后保存进行高斯投影变换,过程如图 3.11 和图 3.12 所示。

图 3.8 批量投影功能　　　　　　　图 3.9 选择投影坐标系修改

图 3.10 Xian 1980 3 Degree GK CM 120E 展示　　　图 3.11 投影坐标系设置

路网数据和轨迹数据高斯投影后的可视化结果如图 3.13 所示。

第四步　路网数据的截取。

由于整个北京市的路网数据复杂、出租车轨迹数据较多且集中在北京市主城区,为了提高处理效率,提取北京市主城区的路网作为研究区,截取步骤如下:

3 轨迹大数据地图匹配

图 3.12 高斯投影坐标转换

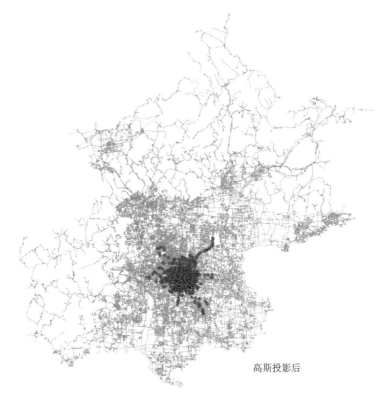

高斯投影后

图 3.13 高斯投影后路网数据和轨迹数据可视化结果

打开 ArcMap,鼠标点击"选择要素"选中"按矩形选择",手动选择中心城区的路网数据,然后在"内容列表"中用鼠标右键点击路网数据图层,点击"数据"→"数据导出",选择导出路径,如图 3.14 所示,截取的路网数据如图 3.15 所示。

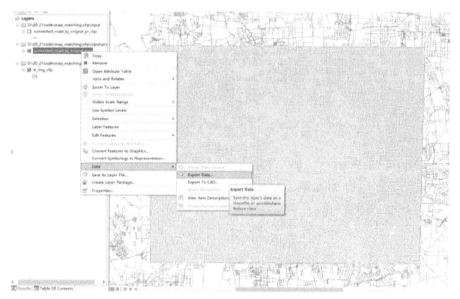

图 3.14　截取路网数据步骤

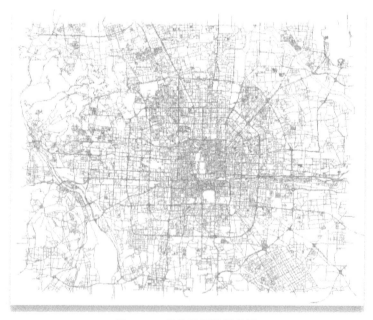

图 3.15　截取路网数据结果

3.4.4　HMM 地图匹配算法轨迹匹配代码实现

为实现基于 HMM 算法的地图匹配功能,本次实验提供了"map_matching.py""core.py"

"get_dijkstra_distance.py""cache.py"和"config.py"共 5 个代码文件。

(1)"map_matching.py":含有主函数且是整个地图匹配程序的主体部分。

(2)"core.py":含有地图匹配的核心函数,用于 HMM 地图匹配的函数调用。

(3)"get_dijkstra_distance.py":含有进行路网图的初始化并实现计算两点间的 Dijkstra 距离和获得匹配点列表的节点和路段信息。

(4)"cache.py":缓存计算好的 dijkstra 距离和路网路径。

(5)"config.py":配置输出 shapefile 的空间参考、数据格式和输出模式。

在进行地图匹配的过程中需要进行如下操作(示例 3.1)。

示例 3.1 地图匹配 Python 代码(map_matching.py)

```
# -*-coding: utf-8-*-
"""
地图匹配 map matching
程序的主体部分
有主函数
"""

import os.path
import time
from collections import namedtuple,defaultdict,OrderedDict

import fiona
from shapely.geometry import shape,Point
from shapely.strtree import STRtree

from cache import clear_cache
from config import crs,driver,schema
from core import match_until_connect
from get_dijkstra_distance import get_connected_path

# 创建一个名称为'CPointRec'的新元组子类
CPointRec=namedtuple('CPointRec',["log_x","log_y","p_x","p_y","road_id","log_id","source","target",
                                  "weight","fraction","log_time","taxi_id"])
# 创建一个名称为'TrackRec'的新元组子类
TrackRec=namedtuple('TrackRec',['x','y','object_id','taxi_id','log_time'])
```

```python
def get_road_rtree(shp_path):
    """
    获得道路 rtree,(coords,id)->feature 字典
    Parameters:
    -----------
    shp_path:str
        道路文件路径

    Returns:
        rtree
        coord_id_feature_dict
    """
    # 读取指定路径的所有要素
    road_features=fiona.open(shp_path)

    coord_id_feature_dict={}  # list 格式存储 road:(coords,id)->feature 字典
    geom_list=[]  # array 格式存储 road:geometry 几何图形

    # 遍历 road 的每个要素的几何信息,然后把 geometry 添加至 geom_list
    for road_feature in road_features:
        geometry=road_feature['geometry']
        if geometry is None:
            print("geometry is none")
            print(road_feature['id'])
        else:
            # 读取道路的 id
            road_feature_id=road_feature['id']
            # 返回一个新的独立的几何图形
            geom=shape(geometry)
            geom_list.append(geom)

            # coord[0]表示数组的第一个元素,[-1]表示数组的最后一个元素(倒数第一个元素)
            coord_key=geom.coords[0]+geom.coords[-1]

            # assert(断言)用于判断一个表达式,在表达式条件为 false 的时候触发异常
            assert ((coord_key,road_feature_id) not in coord_id_feature_dict)
            # road:(coord,id)->feature 字典赋值
            coord_id_feature_dict[(coord_key,road_feature_id)]=road_feature
```

```
    road_features.close()
    # STRtree 构建空间索引-查询方法可以用于对索引上的对象进行空间查询
    rtree=STRtree(geom_list)

    return rtree,coord_id_feature_dict


def get_closest_points(log,road_rtree,coord_feature_dict,key_coord_id_dict):
    """
    获得点在路网中的投影点

    Parameters:
    -----------
    point:shapely point
        gps log 点
    road_tree:shapely rtree
        道路 road_rtree
    coord_feature_dict: dict
        道路头尾标识 (source,target)->道路 feature 字典
    key_coord_id_dict: dict
        道路头尾坐标 (geom[0],geom[1])->道路 id 字典
    """

    point=Point(log.x,log.y)
    # 以 point 为中心 根据道路的常规宽度,设置参数"radius= 35"为半径构建缓冲区
    point_buffer=point.buffer(35)

    project_roads=[]   # 存储在缓冲区范围内的 road
    # road_rtree 空间索引 遍历 query 查询与轨迹点在缓冲区内的 roads
    for road in road_rtree.query(point_buffer):
        # 如果相交则返回 True,否则返回 False
        if road.intersects(point_buffer):
            project_roads.append(road)

    proj_points=[]   # 存储符合条件的投影点
    for road in project_roads:
        # 返回沿着这个图形 (road) 到最近的指定点 (point) 的距离
        # 如果归一化参数 (normalized) 为真,则返回归一化到线性几何的长度归一化距离 (0,1) 之间
取值
```

```python
        fraction=road.project(point,normalized=True)
        # 沿着 road 返回指定距离 (fraction) 的点
        # 如果归一化参数 (normalized) 为真，那么距离将被解释为几何图形长度的分数
        project_point=road.interpolate(fraction,normalized=True)
        # 获取路段要素信息
        coord_key=road.coords[0]+road.coords[-1]
        road_feature_id=str(key_coord_id_dict[coord_key])
        road_feature=coord_feature_dict[(coord_key,road_feature_id)]
        proj_points.append(CPointRec(
            log.x,
            log.y,
            project_point.x,
            project_point.y,
            int(road_feature['id']),
            log.object_id,
            road_feature['properties']['from_'],
            road_feature['properties']['to'],
            road_feature['properties']['length'],
            fraction,
            log.log_time,
            log.taxi_id
        ))

    return proj_points


def read_track(shp_path):
    """
    读取轨迹数据
    Args:
        shp_path:
        北京出租车 2008/02/02-2008/02/08 期间的轨迹数据
        只需要考虑 2008/02/08 这一天的轨迹数据
    Returns:
        taxi_by_id 轨迹数据集 taxi_id-> TrackRec

    """
    # 创建默认格式的字典
    taxi_id_logs=defaultdict(list)
```

```python
    track_features=fiona.open(shp_path)
    # 遍历轨迹所有要素
    for feature in track_features:
        geometry=feature['geometry']
        # x,y分别表示轨迹点的横纵坐标
        x=geometry['coordinates'][0]
        y=geometry['coordinates'][1]
        # 不考虑不在指定范围内的轨迹点
        # 判别轨迹点是否在范围内,不在continue
        # 根据路网区域范围修改xy的范围
        if 167354.269<x<222695.174 and 4397198.420<y<4450820.599:
            properties=feature['properties']
            taxi_id=properties['taxi_id']
            taxi_id_logs[taxi_id].append(
                TrackRec(
                    x,
                    y,
                    properties['object_id'],
                    taxi_id,
                    # 轨迹记录的时间:时间戳
                    properties['log_time'],
                )
            )
        else:
            continue
    return taxi_id_logs


def read_road(shp_path):
    """
    读取road文件,

    构建并获得:
        (source,target)->road_id字典 key_road_id_dict
        road_id->geometry字典 road_id_geometry_dict
        coords->road_id字典 key_coord_id_dict
        road_id->properties字典 road_id_properties_dict
```

```python
    """
    road_features=fiona.open(shp_path)

    road_id_geometry_dict={}
    key_road_id_dict={}
    key_coord_id_dict={}
    road_id_properties_dict={}
    # 遍历所有道路要素,获取需要的信息字典
    for feature in road_features:
        geometry=feature['geometry']
        if geometry is None:
            print("geometry is none")
            print(road_features['id'])
        else:
            geom=shape(geometry)
            properties=feature['properties']
            source=properties['from_']
            target=properties['to']
            road_id=int(feature['id'])
            road_id_geometry_dict[road_id]=feature['geometry']
            road_id_properties_dict[road_id]=feature['properties']
            key_road_id_dict[(source,target)]=road_id
            key_coord_id_dict[geom.coords[0] + geom.coords[-1]]=road_id

    return key_road_id_dict,road_id_geometry_dict,road_id_properties_dict,key_coord_id_dict


if __name__ == '__main__':

    KS_time=time.time()
    # 设置读取前 m 辆车的轨迹数据
    m=1000
    # 输入和输出的路径名称
    input_road_shp_path='../截取区域/截取.shp'
    input_track_shp_path='../newshp'
    output_track_shp_path='../output/path_2m8d_{}.shp'
```

```python
    if os.path.isfile(input_road_shp_path):
        # 调用 get_road_rtree()函数
        road_rtree,coord_feature_dict=get_road_rtree(input_road_shp_path)
        # 调用 read_road()函数
        key_road_id_dict,road_id_geometry_dict,road_id_properties_dict,key_coord_id_dict \
            =read_road(input_road_shp_path)
        # 遍历读取前 m 辆车的轨迹数据
        for i in range(1,m+1):
            if os.path.isfile(input_track_shp_path+'/taxi_id_{}'.format(i)+'.shp'):
                # 调用 read_track()函数
                track_id_logs=read_track(input_track_shp_path+'/taxi_id_{}'.format(i)+'.shp')
            else:
                continue
            # 遍历读取每辆车的轨迹数据
            for taxi_id,logs in track_id_logs.items():
                begin_tick=time.time()

                log_id_list=[]
                log_closest_points=defaultdict(list)

                # to do 20210427
                for log in logs:
                    # 调用 get_closest_points()函数 返回符合条件的投影点
                    project_points=get_closest_points(log,road_rtree,coord_feature_dict,key_coord_id_dict)
                    if not project_points:
                        print(log.object_id)
                        print("no project point!")
                    else:
                        log_closest_points[log.object_id]=project_points
                        log_id_list.append(log.object_id)
                # 清空缓存的距离
                clear_cache()

                if not log_id_list:
```

```python
            continue
        # 调用 match_until_connect(),以 log_id 列表和投影点作为输入
         match_point_list=match_until_connect(log_id_list,log_closest_points,input_road_shp_path)

        if match_point_list is not None:
            # 调用 get_connected_path()函数,以获取的连通的匹配点列表作为输入
             connected_vertex_path,connected_road_path=get_connected_path(match_point_list)

            if connected_vertex_path is not None:
                assert (connected_road_path is not None)  # assert 断言 expression 表达式为 false 时触发异常
                # 输出匹配结果路径
                out_c=fiona.open(output_track_shp_path
                                 .format(taxi_id),'w',
                                  driver= driver,crs= crs,schema= schema)   # crs:坐标参考系 schema:模式

                for ix,road_id in enumerate(connected_road_path):
                    rec={
                        'type':'Feature',
                        'id':'-1',
                        'geometry':road_id_geometry_dict[int(road_id)],
                        'properties':OrderedDict([# config file set properties
                            ('idx',ix),  # 路段的编号顺序记录
                            ('taxi_p_num',1),  # 记录匹配的轨迹点个数
                            ('road_id',road_id)
                        ])
                    }
                    out_c.write(rec)
        print("map match over!")
        out_c.close()
        print("{}:".format(taxi_id),time.time()-begin_tick)
    print(time.time()-KS_time)
 # 保存结果
```

第一步　打开 map_matching.py 文件。

修改输入的路网数据与轨迹数据的路径,以及输出的匹配后轨迹数据的路径。

注意:路网数据为截取后的北京市主城区部分的 shp 文件,轨迹数据路径为投影变换后

轨迹存放的文件夹。该文件中可以修改的参数有第 215 行代码中的 'm' 值，该值表示遍历读取前 m 辆车的轨迹数据，参考值设置为 1000。

输入输出路径如图 3.16 所示。

```
214    # 设置读取前m辆车的轨迹数据
215    m = 1000
216    # 输入和输出的路径名称
217    input_road_shp_path = '../裁剪区域/藏裏.shp'
218    input_track_shp_path = '../newshp'
219    output_track_shp_path = '../output/path_2msd_{}.shp'
```

图 3.16 输入输出路径

需要强调的是，由于裁剪路网导致坐标范围有所变化，影响了轨迹数据的筛选功能，学生需使用 ArcMAP 打开裁剪后的路网数据，用鼠标右键点击图层"属性"，选择"源"查看坐标范围，如图 3.17 所示。并且自行修改 read_track() 函数中第 156 行代码的 x、y 取值，如此才能实现有效匹配（图 3.18）。

图 3.17 路网坐标范围

第二步 打开 core.py 文件（示例 3.2）。

对该文件需要注意的参数是第 239 行代码的阈值，该参数表示对应函数遍历次数的最大值，超过该阈值则停止遍历，参考值设置为 60。

```
132    def read_track(shp_path):
133        """
134        读取轨迹数据
135        Args:
136            shp_path:
137            北京出租车2008/02/02-2008/02/08期间的轨迹数据
138            只需要考虑2008/02/08这一天的轨迹数据
139        Returns:
140            taxi_by_id 轨迹数据集 taxi_id -> TrackRec
141
142        """
143        # 创建默认格式的字典
144        taxi_id_logs = defaultdict(list)
145
146        track_features = fiona.open(shp_path)
147        # 遍历轨迹所有要素
148        for feature in track_features:
149            geometry = feature['geometry']
150            # x,y分别表示轨迹点的横纵坐标
151            x = geometry['coordinates'][0]
152            y = geometry['coordinates'][1]
153            # 不考虑不在指定范围内的轨迹点
154            # 判别轨迹点是否在范围内,不在continue
155            # 根据路网区域范围修改xy的范围
156            if 447354.009 < x < 229695.174 and 4397190.420 < y < 4450020.599:
157                properties = feature['properties']
158                taxi_id = properties['taxi_id']
159                taxi_id_logs[taxi_id].append(
```

图 3.18 修改轨迹坐标范围

示例 3.2 地图匹配 Python 代码（core.py）

```python
"""
核心函数
用于 HMM 地图匹配的函数调用
实现轨迹数据和路网数据的地图匹配
"""
import time

from get_dijkstra_distance import get_dijkstra_distance,MAX_DIS
import networkx as nx

import scipy.spatial as sp
import scipy.stats as stats

SMALL_PROBABILITY=0.00000001     # 最小概率
BIG_PROBABILITY=0.99999999       # 最大概率


def get_transimission_probability(pre_closest_point,closest_point,road_path):
    """
    得到转移概率
```

```
Parameters:
-----------
pre_closest_point:CPointRec
    前一个点
closest_point:CPointRec
    当前点


Returns:
-----------
prob:float
    转移概率
"""
# 状态转移概率:前后两个真实的位置点的距离越近,状态转移概率越大;或真实路段上前后两个点
的距离与 GPS 观测的前后两个点的距离越近,状态转移概率越大
# 在进行匹配时,按照前后点之间的欧式距离和它们匹配后的最短路径距离远近来作为它们的状态
转移概率
max_distance= (float(closest_point.log_time) - float(pre_closest_point.log_
time)) * 33.333
# 距离=时间×速度
max_distance=max_distance if max_distance< MAX_DIS else MAX_DIS
# 调用 get_dijkstra_distance()函数,计算 dijkstra 距离
dijkstra_distance=get_dijkstra_distance(pre_closest_point,closest_point,road_
path,max_distance)

euclidean_distance=sp.distance.euclidean([pre_closest_point.log_x,pre_closest_
point.log_y],
                            [closest_point.log_x,closest_point.log_y])

if dijkstra_distance==MAX_DIS:
    return SMALL_PROBABILITY
if dijkstra_distance>euclidean_distance+2000:
    return SMALL_PROBABILITY

if dijkstra_distance==0:
    return BIG_PROBABILITY

prob=euclidean_distance / dijkstra_distance
if prob>BIG_PROBABILITY:
    prob=BIG_PROBABILITY
if prob<SMALL_PROBABILITY:
    prob=SMALL_PROBABILITY
```

```python
    return prob


def get_observation_probability(closest_point):
    """
    得到观察概率

    Parameters:
    -----------
    closest_point:CPointRec
        当前点-轨迹点和对应的路段上匹配点

    """
    dis=sp.distance.euclidean([closest_point.log_x,closest_point.log_y],[closest_point.p_x,closest_point.p_y])
    return stats.norm.pdf(dis,loc=0,scale=20)    # loc 位置参数 默认为0 scale→标准偏差 standard deviation 1.4826* 15
    # 观测概率:观测的 GPS 点离它投影到路段上的投影点位置越近,这个真实点在这个路段上的概率越大


def construct_graph(log_list,log_closest_points,road_path):
    """
    构造权重图

    Parameters:
    -----------
    log_list:list
        组成 track 的 log_id 列表
    log_closest_points: dict(list)
        每个 log 和它对应的 closest_points 列表

    Returns:
    -----------
    g:nx.Graph
        权重图
    """
    g=nx.Graph()

    pre_layer=[]
```

```
    for log_id in log_list:
        closest_points=log_closest_points[log_id]
        assert(len(closest_points) > 0)

        now_layer=[]

        for closest_point_idx,closest_point in enumerate(closest_points):
            point_id=str(log_id)+'_'+str(closest_point_idx)
            now_layer.append(point_id)
            # 调用get_observation_probability()函数,返回观察概率
            g.add_node(point_id,observation_probability=get_observation_probability(closest_point))
            if len(pre_layer)==0:
                continue
            else:
                for pre_point_id in pre_layer:
                    pre_log_id,pre_closest_point_idx=pre_point_id.split('_')
                    # pre_log_id=int(pre_log_id)
                    pre_closest_point_idx=int(pre_closest_point_idx)
                    # 2021/01/13 超出索引 list index out of range  原因索引类型更改了
                    pre_closest_point=log_closest_points[pre_log_id][pre_closest_point_idx]
                    # 调用get_transimission_probability()函数,返回转移概率
                    transimission_probability=get_transimission_probability(pre_closest_point,closest_point,road_path)
                    g.add_edge(pre_point_id,point_id,transimission_probability=transimission_probability)
        pre_layer=now_layer
    return g


def find_match_sequence(g,log_list,log_closest_points):
    """
    从权重图中,找到最长路径作为结果

    Parameters:
    -----------
    g:nx.Graph
        权重图
    log_ist:list
```

```
        组成track的log id
log_closest_points:dict(list)
        每个log和它对应的closest_points列表

Returns:
-----------
(True,match_list,break_idx)
        是否连通,组成最长路径的closest point,如果不连通,从哪个位置开始不连通
"""

f={}   # 从开头到当前候选点的最长路径的长度(最大权重和)
pre={} # 记录当前候选点的前一个候选点(最长路径上)

# 记录第一层候选点的权重
first_log_id=log_list[0]
for closest_point_idx,closest_point in enumerate(log_closest_points[first_log_id]):
    point_id=str(first_log_id)+'_'+str(closest_point_idx)
    f[point_id]=g.nodes[point_id]['observation_probability']

# 记录第二层到最后一层的权重
pre_log_id=first_log_id
for now_log_id in log_list[1:]:
    for now_closest_point_idx,now_closest_point in enumerate(log_closest_points[now_log_id]):
        # 遍历当前层的所有候选点
        now_point_id=str(now_log_id)+'_'+str(now_closest_point_idx)
        max_probability=-1
        # 找到从前一层到当前层当前候选点的最大权重
        for pre_closest_point_idx,pre_closest_point in enumerate(log_closest_points[pre_log_id]):
            pre_point_id=str(pre_log_id)+'_'+str(pre_closest_point_idx)
            temp=g[pre_point_id][now_point_id]['transimission_probability'] * \
                g.nodes[now_point_id]['observation_probability']+f[pre_point_id]
            if temp > max_probability:
                max_probability=temp
                pre[now_point_id]=pre_point_id
        f[now_point_id]=max_probability
    # 更新前一层
```

```python
        pre_log_id=now_log_id

    # 找到权重最大的候选点
    max_probability=-1
    max_point_id=None
    for point_id,probability in f.items():
        if probability > max_probability:
            max_point_id=point_id
            max_probability=probability

    assert(max_point_id.split('_')[0]==str(log_list[-1]))  # 断言概率最大的候选点,
一定在最后一组内

    # 从权重最大的候选点,从尾到头,找到最长路径
    reverse_list=[]
    for i in range(1,len(log_list)):
        reverse_list.append(max_point_id)
        max_point_id=pre[max_point_id]
    reverse_list.append(max_point_id)

    # reverse 得到路径
    reverse_list.reverse()
    match_list=reverse_list

    # 查看路径中是否存在断点
    break_idx=-1
    for i in range(1,len(match_list)):
        pre_point_id=match_list[i-1]
        now_point_id=match_list[i]
        transimission_probability=g[pre_point_id][now_point_id]['transimission_probability']
        if transimission_probability==SMALL_PROBABILITY:
            break_idx=i
            break

    # 得到每个 id 对应的候选点信息
    match_point_list=[]
    for idx,point_id in enumerate(match_list):
        log_id,closest_point_idx=point_id.split('_')
        # log_id=int(log_id)
```

```python
            assert(log_id==log_list[idx])
            closest_point_idx=int(closest_point_idx)
            
            match_point_list.append(log_closest_points[log_id][closest_point_idx])
    
    if break_idx==-1:
        return True,match_point_list,break_idx
    else:
        return False,match_point_list,break_idx


def match_until_connect(log_list,log_closest_points,road_path):
    """
    尝试构建权重图,获得匹配轨迹,如果返回的轨迹不连通,则删除断裂处的点,重新匹配
    
    """
    cnt=0
    while True:
        begin_tick=time.time()
        # 调用 construct_graph()函数,构建权重图
        weight_graph=construct_graph(log_list,log_closest_points,road_path)
        print('construct graph for {} logs elapse {}'.format(len(log_list),time.time() - begin_tick))
        begin_tick=time.time()
        # 调用 find_match_sequence()函数,从权重图中,找到最长路径作为结果
        is_connect,match_point_list,break_idx=find_match_sequence(weight_graph,log_list,log_closest_points)
        print('find match for {} logs elapse {}'.format(len(log_list),time.time()-begin_tick))
        if is_connect:
            return match_point_list
        else:
            # del 用于 list 列表操作,删除一个或者连续几个元素
            del log_list[break_idx-1:break_idx+1]
            cnt+=1
        if len(log_list)<4:
            return None
        
        if cnt>60:    # 如果遍历次数大于60就停止遍历
            return None
```

第三步 打开 get_dijkstra_distance.py 文件(示例 3.3)。

文件包含 MAX_V 和 MAX_DIS 两个设置参数,可以参考代码中的设置值,其中 MAX_V 表示最大行驶速度,MAX_DIS 表示最大的前后轨迹点间的距离。

示例 3.3 地图匹配 Python 代码(get_dijkstra_distance.py)

```python
"""

获得两点间的dijkstra距离

"""
print('load road')

import fiona
import networkx as nx

from cache import get_distance_from_cache,save_distance_to_cache,get_unique_id

# namedtuple 返回具有命名字段的元组的新子类
# CPointRec=namedtuple('CPointRec',["log_x","log_y","p_x","p_y","road_id","log_id","source","target",
#                                    "weight","fraction","v","log_time","track_id","car_id"])

MAX_V=45    # 设置最大行驶速度
MAX_DIS=6000    # 设置最大前后轨迹点间的距离
ROAD_GRAPH=None


def init_road_graph(road_path):
    global ROAD_GRAPH
    # 读取路网数据
    road_features=fiona.open(road_path)
    road_graph=nx.DiGraph()
    for feature in road_features:
        road_id=int(feature['id'])
        properties=feature['properties']
        source=int(properties['from_'])
        target=int(properties['to'])
        weight=float(properties['length'])    # 以道路的长度"length"字段作为权重
        road_graph.add_edge(source,target,weight=weight,road_id=road_id)
```

```python
    ROAD_GRAPH=road_graph


def get_dijkstra_distance(pre_closest_point,now_closest_point,road_path,cufoff=5000):
    if ROAD_GRAPH is None:
        print('init road_graph')
        # 调用 init_road_graph()函数构建路网权重图
        init_road_graph(road_path)

    """
    获得两个点之间的dijkstra距离

    如果两个点之间的距离> cufoff,则认为两点之间的距离为MAX_DIS,这个操作是为了提高效率

    Parameters:
    -----------
    pre_closest_point:CPointRec
        起点
    now_closest_point:CPointRec
        终点

    """
    pre_road_id=pre_closest_point.road_id
    pre_source=pre_closest_point.source
    pre_target=pre_closest_point.target
    pre_fraction=pre_closest_point.fraction
    pre_weight=pre_closest_point.weight

    assert (ROAD_GRAPH[pre_source][pre_target]['weight']==pre_weight)

    now_road_id=now_closest_point.road_id
    now_source=now_closest_point.source
    now_target=now_closest_point.target
    now_fraction=now_closest_point.fraction
    now_weight=now_closest_point.weight

    assert (ROAD_GRAPH[now_source][now_target]['weight']==now_weight)
```

```
    source_id=get_unique_id(pre_road_id,pre_fraction)    # 唯一标识一个起点
    target_id=get_unique_id(now_road_id,now_fraction)    # 唯一标识一个终点

    # if cached
    result=get_distance_from_cache(source_id,target_id)
    if result:
        # print('from cache')
        return result[0]

    # if not cached
    if pre_road_id==now_road_id:
        if now_fraction<=pre_fraction:
            save_distance_to_cache(source_id,target_id,MAX_DIS,None,None)
            return MAX_DIS
        else:
            dis=(now_fraction-pre_fraction)*now_weight
            save_distance_to_cache(source_id,target_id,dis,['a','b'],[pre_road_id])
            return dis

    pre_id='a'
    now_id='b'

    if pre_fraction==0:
        pre_id=pre_source
    elif pre_fraction==1:
        pre_id=pre_target
    else:
        ROAD_GRAPH.add_edge(pre_source,pre_id,weight=pre_fraction * pre_weight,
road_id=pre_road_id)
        ROAD_GRAPH.add_edge(pre_id,pre_target,weight=(1 - pre_fraction) * pre_
weight,road_id=pre_road_id)

    if now_fraction==0:
        now_id=now_source
    elif now_fraction==1:
        now_id=now_target
    else:
        ROAD_GRAPH.add_edge(now_source,now_id,weight=now_fraction * now_weight,
road_id=now_road_id)
```

```python
            ROAD_GRAPH.add_edge(now_id,now_target,weight=(1 - now_fraction) * now_
weight,road_id=now_road_id)

    dis=MAX_DIS
    vertex_path=None

    length,path=nx.single_source_dijkstra(ROAD_GRAPH,pre_id,cutoff=cufoff)
    try:
        dis=length[now_id]
        vertex_path=path[now_id]
    except KeyError:
        pass

    if vertex_path is None:
        save_distance_to_cache(source_id,target_id,dis,None,None)
    else:
        road_path=['x']
        for i in range(1,len(vertex_path)):
            pre_vertex=vertex_path[i - 1]
            now_vertex=vertex_path[i]
            road_id=ROAD_GRAPH[pre_vertex][now_vertex]['road_id']
            if road_id!=road_path[- 1]:
                road_path.append(road_id)

        save_distance_to_cache(source_id,target_id,dis,vertex_path,road_path[1:])

    if pre_fraction!=0 and pre_fraction!=1:
        ROAD_GRAPH.remove_edge(pre_source,pre_id)
        ROAD_GRAPH.remove_edge(pre_id,pre_target)

    if now_fraction!=0 and now_fraction!=1:
        ROAD_GRAPH.remove_edge(now_source,now_id)
        ROAD_GRAPH.remove_edge(now_id,now_target)

    return dis


def get_connected_path(match_point_list):
    """
    获得 match_list 对应的 connected vertex path 和 connected road path
```

```
Parameters:
----------
match_point_list: list
    匹配好的点列表
Returns:
----------
connected_vertex_path: list
    轨迹按顺序经过的 vertex
connected_road_path: list
    轨迹按顺序经过的 road

"""

pre_point=match_point_list[0]
connected_vertex_path=['x']
connected_road_path=['x']
# 遍历匹配点列表剩余的其他点
for now_point in match_point_list[1:]:
    # 调用外部 get_unique_id()函数
    source_id=get_unique_id(pre_point.road_id,pre_point.fraction)
    target_id=get_unique_id(now_point.road_id,now_point.fraction)

    # 调用外部 get_distance_from_cache()函数
    result=get_distance_from_cache(source_id,target_id)
    assert (result is not None)

    dis,vertex_path,road_path=result

    assert (vertex_path is not None)
    assert (road_path is not None)
    # 计算记录前后两个轨迹点经过的时间
    elapse_time=float(now_point.log_time) - float(pre_point.log_time)
    if elapse_time* MAX_V<dis:
        return None,None    # 超速行驶

    # 遍历添加符合条件的 vertex
    for vertex in vertex_path:
        if vertex in ['a','b']:
            continue
```

```
            else:
                if vertex!=connected_vertex_path[-1]:
                    connected_vertex_path.append(int(vertex))
        # 遍历添加符合条件的 road
        for road in road_path:
            if road!=connected_road_path[-1]:
                connected_road_path.append(int(road))
        pre_point=now_point

    return connected_vertex_path[1:],connected_road_path[1:]
```

第四步 查看 cache.py 文件(示例 3.4 和示例 3.5)。

cache.py 文件没有需要修改的参数,打开 config.py 文件,可以修改表示空间参考的"crs"、表示数据格式的"driver"和表示数据输出模式的"schema",其中可以根据需要修改不同的空间参考"crs"和模式"schema",注意"schema"中的"properties"和"geometry"一定要与输出数据的属性和几何信息相同,否则会出错。

示例 3.4　地图匹配 Python 代码(cache.py)

```
"""

缓存计算好的dijkstra距离和路网轨迹

"""

print('load cache')

DISTANCE_CACHE={}


def get_distance_from_cache(source,target):
    """
    从缓存中获得距离
    """
    if (source,target) in DISTANCE_CACHE:
        return DISTANCE_CACHE[(source,target)]
    else:
        return None


def save_distance_to_cache(source,target,distance,vertex_path,road_path):
```

```python
    """
    将距离和路网路径保存到缓冲中
    """
    if (source,target) in DISTANCE_CACHE:
        assert(get_distance_from_cache(source,target)[0]==distance)

    DISTANCE_CACHE[(source,target)]=(distance,vertex_path,road_path)


def clear_cache():
    """
    清空缓存数据
    """
    DISTANCE_CACHE={}


def get_unique_id(road_id,fraction):
    return str(road_id) + '_' + str(int(fraction * 10000000))
```

示例 3.5 地图匹配 Python 代码(config.py)

```
"""
数据库配置
配置 shapefile 输出格式
crs:空间参考坐标
driver:数据格式
schema:数据输出模式
"""

from collections import OrderedDict

crs={'init': 'epsg:2364'}   # epsg:2364 表示 Xian 1980 / 3-degree Gauss- Kruger zone 40
driver='ESRI Shapefile'

schema={
    'properties': OrderedDict(
        [
            ('idx','int'),
            ('taxi_p_num','int'),
            ('road_id','int')
        ]
    ),
    'geometry': 'LineString'
}
```

第五步　运行 map_matching. py 文件。

把路径参数和其他参数修改好后，运行含主函数的 map_matching. py 文件，即可实现轨迹数据和路网数据的地图匹配，输出结果为匹配成功的轨迹路线的 shp 文件，可使用 Arc-MAP 软件打开查看，如图 3.19 所示。

› 桌面 › 北京市路网和轨迹实习数据 › output

名称	修改日期	类型	大小
path_2m8d_3.cpg	2024/4/22 14:06	CPG 文件	1 KB
path_2m8d_3.dbf	2024/4/22 14:06	DBF 文件	5 KB
path_2m8d_3.prj	2024/4/22 14:06	PRJ 文件	1 KB
path_2m8d_3.shp	2024/4/22 14:06	SHP 文件	9 KB
path_2m8d_3.shx	2024/4/22 14:06	SHX 文件	1 KB
path_2m8d_7.cpg	2024/4/22 14:07	CPG 文件	1 KB
path_2m8d_7.dbf	2024/4/22 14:08	DBF 文件	6 KB
path_2m8d_7.prj	2024/4/22 14:07	PRJ 文件	1 KB
path_2m8d_7.shp	2024/4/22 14:08	SHP 文件	12 KB
path_2m8d_7.shx	2024/4/22 14:08	SHX 文件	1 KB
path_2m8d_8.cpg	2024/4/22 14:08	CPG 文件	1 KB
path_2m8d_8.dbf	2024/4/22 14:09	DBF 文件	1 KB
path_2m8d_8.prj	2024/4/22 14:08	PRJ 文件	1 KB
path_2m8d_8.shp	2024/4/22 14:08	SHP 文件	1 KB
path_2m8d_8.shx	2024/4/22 14:08	SHX 文件	1 KB
path_2m8d_12.cpg	2024/4/22 14:13	CPG 文件	1 KB
path_2m8d_12.dbf	2024/4/22 14:13	DBF 文件	3 KB

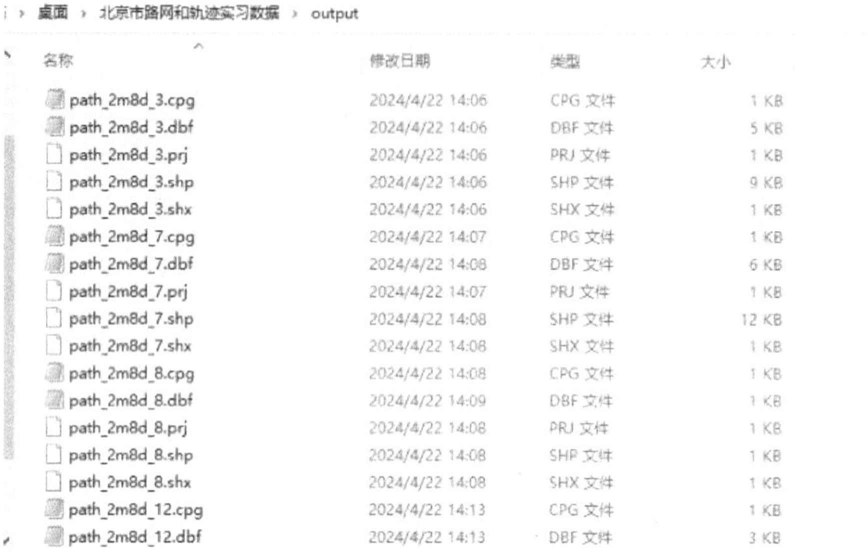

图 3.19　地图匹配输出结果

选取 taxi_id_2 中 2008 年 2 月 8 日的 18 个连续序列的轨迹点做测试，将地图匹配结果叠加在 OSM 地图上，结果如图 3.20 所示。

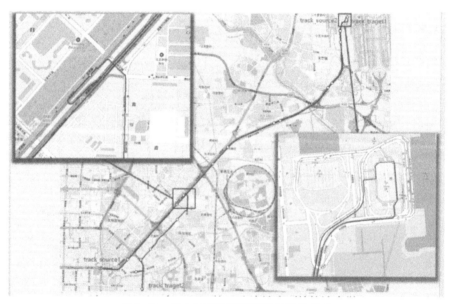

图 3.20　单个轨迹地图匹配后的结果参考

4 轨迹大数据应用1:居民出行模式分析

4.1 居民出行OD点对提取

在地理空间数据分析中,提取居民出行的起止点(Origin-Destination,OD)是分析居民出行模式规律的必要步骤。根据居民出行OD点的时空分布,可以挖掘城市居民出行模式规律。本节将介绍居民出行起止点的概念、聚类算法的基本概念,以及对应的实习目的和要求。

4.1.1 居民出行起止点(OD)的概念

在城市交通规划和管理中,居民出行起止点是指居民出行的起点和终点位置。理解和分析居民出行的起止点对研究城市交通状况、优化交通网络、改善交通服务至关重要。

4.1.1.1 轨迹大数据中蕴含的居民OD信息

目前不管是研究领域还是生产单位,获取轨迹数据的方式有主动获取和被动获取两类。例如,滴滴出行科技有限公司主导的滴滴出行服务会在服务开启及终止过程中记录司机与乘客的时间—位置数据,而每一单出行服务所记录的数据起点与终点分别对应了乘客出行的起点和终点。城市出租车系统则是通过增加载客状态来对居民出行OD点进行记录。当出租车采集轨迹列表中的载客状态为0时,表示此时车辆为空载状态;当载客状态为1时,表示此时车辆为载客状态。通常情况下,车辆空载—载客—空载的完整过程对应了当前乘客出行的O点和D点,如图4.1所示。本次实习采用的样例数据为成都市出租车系统采集的轨迹大数据,后续提供的实习样例代码中按照出租车轨迹数据载客状态判断进行OD点对的提取。

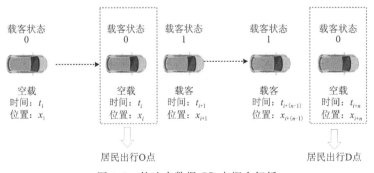

图 4.1 轨迹大数据OD点概念解析

4.1.1.2 OD点对时空分布特征

目前根据轨迹大数据提取的居民出行OD点对应用主要体现在如下几个方面。第一:了解居民出行的起止点分布和流量分布,可以为城市交通规划和管理提供重要参考依据。例如,可以根据出行起止点的分布情况优化公共交通线路设置,改善交通拥堵状况。第二:分析居民出行的起止点可以帮助理解城市交通需求的特点和规律,为交通需求预测和交通流量预测提供数据支持。通过分析居民出行的起止点,可以了解不同区域和时间段的出行需求,为交通规划和服务提供定制化解决方案。第三:通过分析居民出行起止点可以发现交通事故多发地段和高风险路段,有针对性地制定交通安全措施和应急响应策略。及时发现和应对交通安全隐患,可以有效降低交通事故发生率,保障市民的出行安全。OD点对在一定程度上反映了居民出行的时空规律,它所具备的时空特征与居民出行特征具有相似性,包括以下几点。

(1)空间分布复杂。居民出行起止点通常分布在城市的不同地理区域,具有一定的空间分布规律。例如,居民的家庭住址和工作地点往往集中在城市的住宅区和商业区。不同类型的出行需求会导致起止点在空间上呈现出多样化和复杂化的分布特征。

(2)时间变化性。居民出行起止点随着时间的变化而变化,受到工作、学习、购物等活动的影响。因此,需要考虑不同时间段的出行模式和起止点分布。例如,上下班高峰期和非高峰期的出行起止点分布可能存在差异,需要根据实际情况进行分析和预测。

(3)多样性和复杂性。城市居民的出行目的多样化,涵盖了通勤、购物、休闲等多种活动。因此,居民出行起止点具有多样性和复杂性,需要综合考虑不同类型的出行需求。通过分析不同类型出行的起止点,可以深入了解居民的出行行为和出行偏好,为城市交通规划和服务提供有针对性的建议。

综上所述,居民出行起止点是城市交通分析的重要基础数据,对理解城市交通特点、优化交通服务和制定交通政策具有重要意义。通过对居民出行起止点的提取和分析,可以为城市交通规划和管理提供科学依据,促进城市交通的可持续发展。

4.1.2 实习目的和要求

实习的主要目的是让学生通过实际操作,掌握居民出行起止点提取方法,并了解其在地理空间数据分析中的应用。具体目的和要求如下。

4.1.2.1 实习目的

理解算法原理:通过实践操作,使学生深入理解OD点的特点,掌握其在空间数据分析中的应用。

掌握实践技能:培养学生使用Python编程语言实现OD点提取,学会运用所学知识处理实际地理空间数据。

应用能力培养:通过实践操作,学生将学会如何提取居民出行的起止点,并对提取结果进行分析和解释,培养其在实际问题中应用所学知识的能力。

4.1.2.2 实习要求

理论学习:学生首先需要通过课堂学习或自主学习了解OD提取的原理和基本思想,以及算法的工作流程。

实践操作:学生需要使用Python编程语言提取居民出行的起止点。

结果分析:学生需要对实验结果进行分析。

文档撰写:学生需要将实验过程、结果分析等内容进行文档记录,形成实习报告或实验笔记,以便后续复习和总结。

通过完成实习,学生将能够全面掌握居民出行起止点提取方法,并具备运用所学知识解决实际问题的能力。同时,实习过程也将培养学生的实践操作能力、数据分析能力和文档撰写能力,为其今后的学习和工作打下坚实基础。

4.1.3 具体案例

以2014年对成都市约10 000辆出租车采集的原始轨迹大数据为例,采用Python编程代码实现从原始轨迹大数据中进行OD点对自动提取。图4.2展示了原始轨迹数据采集格式及对应的信息。

图4.2 原始轨迹数据

图4.2中每一列数据分别表示车辆ID、纬度、经度、载客情况、日期时间。根据OD点对的定义,通过判断轨迹数据中载客情况的变化来进行居民出行OD点提取。示例4.1展示了利用Python编程语言从原始轨迹数据中提取OD点对代码。

示例 4.1 居民 OD 点自动提取 Python 代码

```python
import pandas as pd
import matplotlib.pyplot as plt
from scipy import stats

# 读取数据
file_path='predPaths_test.txt'
columns=['vehicle_id','latitude','longitude','passenger_status','time']
data=pd.read_csv(file_path,sep=",",header=None,names=columns)


# 提取 OD 点
def extract_od_points(data):
    od_points=[]
    for vehicle_id,group in data.groupby('vehicle_id'):
        o_point=group.iloc[0]
        d_point=group.iloc[-1]
        od_points.append(
            (vehicle_id,o_point['latitude'],o_point['longitude'],d_point['latitude'],d_point['longitude']))
    return pd.DataFrame(od_points,columns=['vehicle_id','o_latitude','o_longitude','d_latitude','d_longitude'])


od_points=extract_od_points(data)


# 过滤偏远点
def filter_points(od_points,z_threshold=3):
    # 计算每个点的 Z-score
    o_lat_z=stats.zscore(od_points['o_latitude'])
    o_lon_z=stats.zscore(od_points['o_longitude'])
    d_lat_z=stats.zscore(od_points['d_latitude'])
    d_lon_z=stats.zscore(od_points['d_longitude'])

    # 过滤掉 Z-score 绝对值大于阈值的点
    filtered_od_points=od_points[(abs(o_lat_z)< z_threshold) & (abs(o_lon_z)< z_threshold) &
```

```
                          (abs(d_lat_z)<z_threshold) & (abs(d_lon_z)<z_
threshold)]
    return filtered_od_points
```

```
# 设置 Z-score 阈值
z_threshold=3

filtered_od_points=filter_points(od_points,z_threshold)

# 将过滤后的 OD 点存储到 CSV 文件中
output_csv_path='filtered_od_points.csv'
filtered_od_points.to_csv(output_csv_path,index=False)


# 美化可视化
def plot_od_points(od_points):
    plt.figure(figsize=(12,8))

    # 提取 O 点和 D 点
    o_points=od_points[['o_latitude','o_longitude']]
    d_points=od_points[['d_latitude','d_longitude']]

    # 绘制 O 点和 D 点
    plt.scatter(o_points['o_longitude'],o_points['o_latitude'],s=10,c='#1f77b4',
label='O Points',alpha=0.7,
               edgecolors='w',linewidth=0.5)
    plt.scatter(d_points['d_longitude'],d_points['d_latitude'],s=10,c='#ff7f0e',
label='D Points',alpha=0.7,
               edgecolors='w',linewidth=0.5)

    # 设置图例和标签
    plt.legend(loc='upper right')
    plt.xlabel('Longitude')
    plt.ylabel('Latitude')
    plt.title('Filtered OD Points Visualization')

    # 去掉网格线
    plt.grid(False)
```

```
# 保留图框和坐标轴线
plt.gca().spines['top'].set_visible(True)
plt.gca().spines['right'].set_visible(True)
plt.gca().spines['left'].set_visible(True)
plt.gca().spines['bottom'].set_visible(True)

plt.show()

plot_od_points(filtered_od_points)
```

4.2 居民出行OD点对聚类算法介绍

随着城市化进程的加快,我国很多城市都具备人口密度高、出行量大、分布不均匀等特点。OD点对所记录的时间和位置属性反映了城市居民出行的时空分布特征,每一对OD点对应当前时间一位出行者的出行记录。大型城市,每一天每一刻都有大量人员在城市内流动分散,如果以轨迹大数据中的原始OD点对居民进行时空分析和应用,会在一定程度上影响后续分析结果,如图4.3所示。

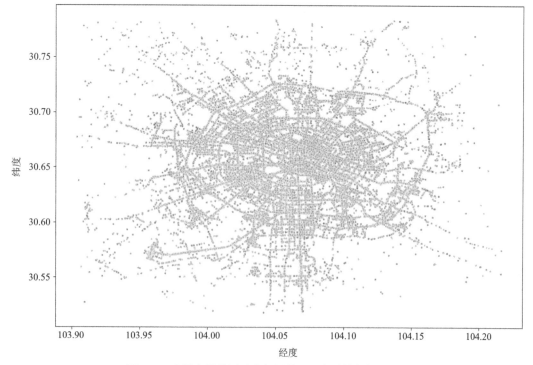

图 4.3 成都市部分居民出行原始 OD 点对数据提取结果

图 4.3 中的数据结果来源于对成都市 2014 年 8 月 24 日部分居民出行的原始 OD 点对提

取。该结果的数据源,也即轨迹数据由成都市 2000 辆出租车进行采集。在图 4.3 中很难从当前结果中直接得到有效的居民出行模式特征。因此,对原始 OD 点对进行聚类是大部分居民模式出行分析研究或应用的第一步。

4.2.1 空间点聚类算法的基本概念

聚类算法属于无监督学习技术,被广泛应用于数据挖掘和统计数据分析。其核心目的是将数据集中的样本分组,使得同一组(或称为簇)内的样本之间相似度高,而不同组之间的相似度低。聚类算法在许多领域都有应用,包括图像分割、社交网络分析、生物信息学和地理空间数据分析等。

4.2.1.1 聚类算法的定义与重要性

在聚类过程中,"相似性"通常是通过一种距离度量(如欧氏距离、曼哈顿距离或余弦相似度)来定义的。算法尝试找到数据的内在结构,将数据点组织到有意义的、有助于进一步分析的群组中。与监督学习不同,聚类不依赖于先前的标签或结果数据,它通过分析数据集的特征来发现数据点之间的关系。

聚类的重要性在于它提供了一种方法来理解大量未标记数据的组织结构,这在许多现实世界的应用中是非常宝贵的。例如,在市场细分中,聚类帮助企业识别具有相似购买行为的客户群,从而更有效地定位市场策略。

4.2.1.2 聚类与其他数据分析方法的对比

聚类与分类:分类是监督学习的一部分,依赖于预先定义的标签来训练模型。而聚类则不需要任何预先定义的标签,它自动发现数据中的模式和组别。

聚类与回归:回归也是一种监督学习技术,用于预测连续值的输出。相比之下,聚类关注于发现数据中的群组,而不是预测具体的输出。

通过聚类,研究人员和分析师可以在没有明确假设的情况下探索数据的结构,这使得聚类成为一个强大的探索性数据分析工具。此外,聚类方法也经常与其他数据分析方法结合使用,以提供更深入的洞察力。例如,在进行分类任务之前,聚类可以用来发现数据集中的异常值和特殊模式,这些都可能影响分类的准确性。综上所述,聚类算法不仅有助于理解数据集中的内在模式,而且可以增强对数据结构的整体认识,这对所有依赖数据驱动决策的领域都是至关重要的。这种无监督的方法弥补了监督学习技术的不足,为数据分析提供了更全面的视角。接下来,本书将详细探讨几种主要的空间点聚类算法及其应用于地理空间数据时所具有的优缺点。

4.2.2 空间点聚类算法的类型

在地理空间数据分析中,不同的聚类算法能够解决从简单的分组问题到复杂的空间模式识别的各种任务。本书将详细介绍 3 种广泛使用的聚类算法:k-Means(k-Means Clustering Algorithm,k 均值聚类算法)、层次聚类和 DBSCAN(Density-Based Spatial Clustering of Applications with Noise,基于密度的聚类算法),并探讨它们在空间点聚类中的适用性和约束。

4.2.2.1 k-Means 算法

1. k-Means 算法原理

k-Means 算法是一种典型的基于划分的聚类算法,也是一种无监督学习算法。k-Means 算法的思想很简单,对给定的样本集,用欧氏距离作为衡量数据对象间相似度的指标,相似度与数据对象间的距离成反比,相似度越大,距离越小。预先指定初始聚类数和个初始聚类中心,按照样本之间的距离大小,把样本集划分为个簇,根据数据对象与聚类中心之间的相似度,不断更新聚类中心的位置,不断降低类簇的误差平方和(Sum of Squared Error,SSE),当 SSE 不再变化或目标函数收敛时,聚类结束,得到最终结果。

k-Means 算法的核心思想:首先从数据集中随机选取 k 个初始聚类中心 $C_i(i\leqslant 1\leqslant k)$,计算其余数据对象与聚类中心 C_i 的欧氏距离,找出离目标数据对象最近的聚类中心 C_i,并将数据对象分配到聚类中心 C_i 所对应的簇中。然后计算每个簇中数据对象的平均值作为新的聚类中心,进行下一次迭代,直到聚类中心不再变化或达到最大的迭代次数时停止。空间中数据对象与聚类中心间的欧氏距离计算公式为

$$d(X,C_i)=\sqrt{\sum_{j=1}^{m}(X_j-C_{ij})^2} \tag{4.1}$$

式中:X 为数据对象;C_i 为第 i 个聚类中心;m 为数据对象的维度;X_j、C_{ij} 为 X 和 C_i 的第 j 个属性值。

整个数据集的误差平方和 SSE 计算公式为

$$\text{SSE}=\sum_{i=1}^{k}\sum_{X\in C_i}|d(X,C_i)|^2 \tag{4.2}$$

式中:SSE 的大小表示聚类结果的好坏;k 为簇的个数。

2. k-Means 算法步骤

k-Means 算法步骤实质是 EM 算法(Expectation-Maximization Algorithm,最大期望算法)的模型优化过程,具体步骤如下:①随机选择 k 个样本作为初始簇类的均值向量;②将每个样本数据集划分离它距离最近的簇;③根据每个样本所属的簇,更新簇类的均值向量;④重复②③步,当达到设置的迭代次数或簇类的均值向量不再改变时,模型构建完成,输出聚类算法结果。

3. k-Means 算法迭代过程

k-Means 算法是一个不断迭代的过程,如图 4.4 所示,原始数据集有 4 个簇,图中 x 和 y 分别代表数据点的横纵坐标值,使用 k-Means 算法对数据集进行聚类,在对数据集经过两次迭代后得到最终的聚类结果。

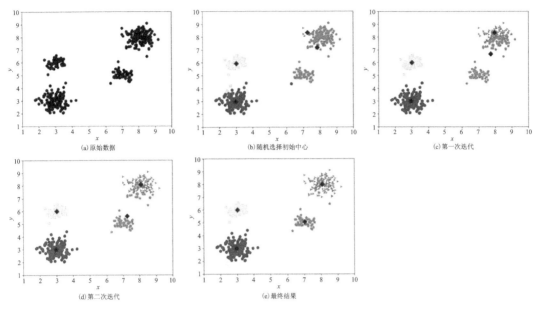

图 4.4　k-Means 迭代过程

4. k-Means 算法的局限与适用场景

k-Means 算法非常简单且使用广泛,但主要存在以下 4 个缺陷。

第一:k 值需要预先给定,属于预先知识,很多情况下对 k 值的估计是非常困难的,对于像计算全部微信用户的交往圈这样的场景完全没办法用 k-Means 进行。对于可以确定 k 值不会太大但不明确精确的 k 值的场景,可以进行迭代运算,然后找出对应的 k 值,这个值往往能较好地描述有多少个簇类。

第二:k-Means 算法对初始选取的聚类中心点是敏感的,不同的随机种子点得到的聚类结果完全不同。

第三:该算法并不适合所有的数据类型。它不能处理非球形簇、不同尺寸和不同密度的簇。

第四:易陷入局部最优解。

k-Means 非常适合于数据点大小和密度大致相似的数据集。它在大数据集上效率较高,是解决线性可分问题的有效方法。

4.2.2.2　层次聚类算法

1. 层次聚类算法原理

层次聚类不需要预先指定簇的数量,它通过创建一个簇的层次化树状结构来组织数据。这种算法可以是自底向上的(聚合方法),也可以是自顶向下的(分裂方法)。在聚合方法中,每个点最初被视为一个单独的簇,然后算法逐渐合并最近的簇;在分裂方法中,所有点最初都在一个簇中,然后逐步细分。层次聚类根据划分策略分为聚合层次聚类和拆分层次聚类,由于前者较后者有更广泛的应用且算法思想一致,因此本节重点介绍聚合层次聚类算法。聚合层次聚类算法假设每个样本点都是单独的簇类,然后在算法运行的每一次迭代中找出相似度较高的簇类进行合并,该过程不断重复,直到达到预设的簇类个数 k 或只有一个簇类。

聚合层次聚类的基本思想:①计算数据集的相似矩阵;②假设每个样本点为一个簇类;③循环:合并相似度最高的两个簇类,然后更新相似矩阵;④当簇类个数为1时,循环终止。

为了更好地理解,本书对算法进行图示说明。假设有6个样本点{A,B,C,D,E,F},如图4.5所示。

第一步:假设每个样本点都为一个簇类,计算每个簇类间的相似度,得到相似矩阵。

图4.5 层次聚类算法第一步

第二步:若B和C的相似度最高,合并簇类B和C为一个簇类。现在还有5个簇类,分别为 A、BC、D、E、F,如图4.6所示。

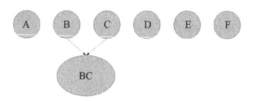

图4.6 层次聚类算法第二步

第三步:更新簇类间的相似矩阵,相似矩阵的大小为5行5列;若簇类BC和D的相似度最高,合并簇类BC和D为一个簇类。现在还有4个簇类,分别为A、BCD、E、F,如图4.7所示。

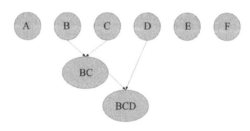

图4.7 层次聚类算法第三步

第四步:更新簇类间的相似矩阵,相似矩阵的大小为4行4列;若簇类E和F的相似度最高,合并簇类E和F为一个簇类。现在还有3个簇类,分别为A、BCD、EF,如图4.8所示。

第五步:重复第四步,簇类BCD和簇类EF的相似度最高,合并该2个簇类;现在还有2个簇类,分别为A、BCDEF,如图4.9所示。

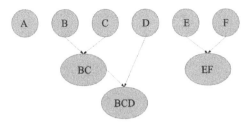

图 4.8　层次聚类算法第四步

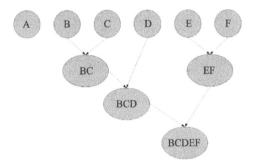

图 4.9　层次聚类算法第五步

第六步:最后合并簇类 A 和 BCDEF 为一个簇类,层次聚类算法结束,如图 4.10 所示。

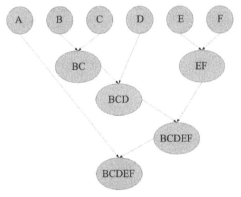

图 4.10　层次聚类算法第六步

2. 簇间相似度的计算方法

由上节知道,合并或拆分层次聚类算法都是基于簇间相似度进行的,每个簇类包含了一个或多个样本点,通常用距离评价簇间或样本间的相似度,即距离越小相似度越高,距离越大相似度越低。因此首先假设样本间的距离为 $\mathrm{dist}(P_i,P_j)$,其中 P_i、P_j 为任意两个样本,下面介绍常用的簇间相似度计算方法。

(1)最小距离:也称为单链接算法(Single Linkage Algorithm),含义为簇类 C_1 和 C_2 的距离,由该两个簇的最近样本决定,数学表达式为

$$\mathrm{dist}(C_1,C_2) = \min_{P_i \in C_1, P_j \in C_2} \mathrm{dist}(P_i,P_j) \tag{4.3}$$

算法也可用图 4.11 表示,其中连接线表示簇类 C_1 和 C_2 的距离。

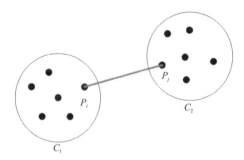

图 4.11 最小距离法

优点:只要两个簇类的间隔不是很小,单链接算法可以很好地分离非椭圆形状的样本分布。如图 4.12 所示的聚类例子,其中不同灰度表示不同的簇类。

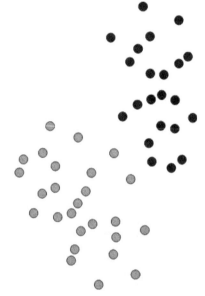

图 4.12 最小距离法的优点

缺点:单链接算法不能很好地分离簇类间含有噪声的数据集,如图 4.13 所示。

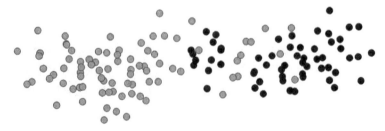

图 4.13 最小距离法的缺点

(2)最大距离:也称为全链接算法(Complete Linkage Algorithm),含义为簇类 C_1 和 C_2 的距离,由该两个簇的最远样本决定,与单链接算法的含义相反,数学表达式为

$$\text{dist}(C_1, C_2) = \max_{P_i \in C_1, P_j \in C_2} \text{dist}(P_i, P_j) \tag{4.4}$$

算法也可用图 4.14 表示,其中连接线表示簇类 C_1 和 C_2 的距离。

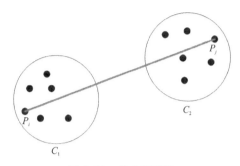

图 4.14　最大距离法

优点:全链接算法可以很好地分离簇类间含有噪声的数据集,如图 4.15 所示。

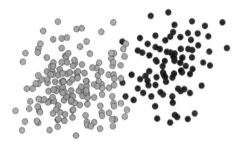

图 4.15　最大距离法的优点

缺点:全链接算法对球形数据集的分离会产生偏差,如图 4.16 所示。

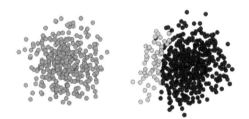

图 4.16　最大距离法的缺点

(3)平均距离:也称为均链接算法(Average-Linkage Algorithm),含义为簇类 C_1 和 C_2 的距离等于两个簇类所有样本对的距离平均,数学表达式为

$$\text{dist}(C_1, C_2) = \frac{1}{|C_1| \cdot |C_2|} \sum_{P_i \in C_1, P_j \in C_2} \text{dist}(P_i, P_j) \tag{4.5}$$

式中:$|C_1|$、$|C_2|$ 分别表示簇类的样本个数。

均链接算法也可用图 4.17 表示。

所有连线的距离求和平均即为簇类 C_1 和 C_2 的距离。

优点:均链接算法可以很好地分离簇类间有噪声的数据集。

缺点:均链接算法对球形数据集的分离会产生偏差。

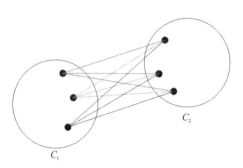

图 4.17　平均距离法

(4)中心距离:簇类 C_1 和 C_2 的距离等于该两个簇类中心间的距离,如图 4.18 所示。

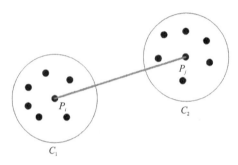

图 4.18　中心距离法

式中:X 点表示簇类的中心,连接线表示簇类 C_1 和 C_2 的距离。这种计算簇间距离的方法非常少用,不建议使用这一算法。

(5)离差平方和:簇类 C_1 和 C_2 的距离等于两个簇类所有样本对距离平方和的平均,与均链接算法很相似,数学表达式为

$$\text{dist}(C_1, C_2) = \frac{1}{|C_1| \cdot |C_2|} \sum_{P_i \in C_1, P_j \in C_2} [\text{dist}(P_i, P_j)]^2 \tag{4.6}$$

优点:离差平方和可以很好地分离簇间有噪声的数据集。

缺点:离差平方和对球形数据集的分离会产生偏差。

3. 样本距离计算

以上内容介绍了如何通过样本间的距离来评估簇间的距离,本小节将继续介绍样本间距离的计算方法。假设样本是 n 维,常用的距离计算方法有如下几种。

(1)欧拉距离(Euclidean Distance):

$$\text{dist}(P_i, P_j) = \sqrt{\sum_{k=1}^{n} (P_{ik} - P_{jk})^2} \tag{4.7}$$

(2)平方欧式距离(Squared Euclidean Distance):

$$\text{dist}(P_i, P_j) = \sum_{k=1}^{n} (P_{ik} - P_{jk})^2 \tag{4.8}$$

(3) 曼哈顿距离(Manhattan Distance):

$$\text{dist}(P_i, P_j) = \sum_{k=1}^{n} |P_{ik} - P_{jk}| \qquad (4.9)$$

(4) 切比雪夫距离(Chebyshev Distance):

$$\text{dist}(P_i, P_j) = \max_{k=1,2,\cdots,n} |P_{ik} - P_{jk}| \qquad (4.10)$$

(5) 马氏距离(Mahalanobis Distance):

$$\text{dist}(P_i, P_j) = \sqrt{(P_i - P_j)^T \mathbf{S}^{-1} (P_i - P_j)} \qquad (4.11)$$

式中: $\mathbf{S}$ 为协方差矩阵。

对于文本或非数值型的数据,常用汉明距离(Hamming Distance)和编辑距离(Levenshtein Distance)表示样本间的距离。不同的距离度量会影响簇类的形状,因为样本距离因距离度量的不同而不同,如点(1,1)和(0,0)的曼哈顿距离是 2,欧式距离是 sqrt(2),切比雪夫距离是 1。

4. 层次聚类算法的优缺点

优点:算法简单,易于理解;树状图包含了整个算法过程的信息;层次聚类可以在不同的分辨率下观察数据,提供灵活的簇大小,并能在生成的层次树中清晰地看到数据点之间的关系。

缺点:选择合适的距离度量与簇类的链接准则较难;这种方法在大规模数据集上可能效率较低,因为它的时间复杂度和空间复杂度较高。

4.2.2.3 DBSCAN 空间点聚类算法

1. DBSCAN 算法原理

DBSCAN 通过识别被低密度区域分隔的高密度区域来形成簇。核心点的概念是 DBSCAN 的基础,只有当一个点在指定半径内有足够多的邻近点时,它才被视为核心点,如图 4.19 所示。

DBSCAN 算法需要用到的参数如下。

eps:一种距离度量,用于定位任何点的邻域内的点。

minPts:聚类在一起的点的最小数目,超过这一阈值才算是一个族群。

DBSCAN 聚类完成后会产生 3 种类型的点。

核心点(Core):该点表示至少有 m 个点在距离 n 的范围内。

边界点(Border):该点表示在距离 n 处至少有一个核心。

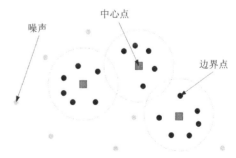

图 4.19 DBSCAN 算法示意图

噪声点(Noise):它既不是核心点也不是边界点。并且它在距离自身 n 的范围内有不到 m 个点。

2. DBSCAN 算法步骤

(1)算法通过任意选取数据集中的一个点(直到所有的点都访问到)来运行。

(2)如果在该点的"ε"半径范围内至少存在"minPoint"点,那么认为所有这些点都属于同一个聚类。

(3)通过递归地重复(1)~(2)对每个相邻点的邻域计算来扩展聚类。

3. 常用评估方法

聚类算法中最常用的评估方法为轮廓系数(Silhouette Coefficient):

$$s(i) = \frac{b(i)-a(i)}{\max\{a(i),b(i)\}} \quad s(i) = \begin{cases} 1-\frac{a(i)}{b(i)}, a(i) < b(i) \\ 0, a(i) = b(i) \\ \frac{b(i)}{a(i)}-1, a(i) > b(i) \end{cases} \quad (4.12)$$

计算样本 i 到同簇其他样本的平均距离 a_i 越小,说明样本 i 越应该被聚类到该簇(将 a_i 称为样本 i 到簇内不相似度)。

计算样本 i 到其他某簇 C_j 的所有样本的平均距离 b_{ij},称为样本 i 与簇 C_j 的不相似度。定义为样本 i 的簇间不相似度:$b_i = \min(b_{i1}, b_{i2}, \cdots, b_{ik})$。

s_i 接近 1,说明样本 i 聚类合理;s_i 接近 -1,说明样本 i 更应该分类到另外的簇;若 s_i 近似为 0,说明样本 i 在两个簇的边界上。

4. DBSCAN 算法的优缺点

优势:DBSCAN 不需要预先设定簇的数量,能够有效处理有噪声的数据集,并且能识别出任何形状的簇,这在地理空间数据中尤其有用。

局限性:DBSCAN 的性能依赖于两个参数,即邻域大小(eps)和形成密集区所需的最小点数(minPts)。选择不恰当的参数值可能导致不满意的聚类结果。

通过这些介绍,可以看到每种算法都有其特定的适用场景和局限。选择合适的聚类算法需要考虑数据的特性、问题的需求和算法的特点。下面将探讨聚类算法在地理空间数据中应用时面临的特定挑战和解决策略。

4.2.3 空间点聚类的挑战与策略

在处理地理空间数据时,空间点聚类面临着一些特定的挑战,包括尺度问题、高维数据和动态数据聚类。下面将详细讨论这些挑战及相应的应对策略。

4.2.3.1 尺度问题

尺度问题指的是数据在不同尺度下聚类结果可能会发生变化的情况。地理空间数据通常具有多个尺度的特征,如城市尺度和街区尺度。不同尺度下的数据分布可能会导致不同的聚类结果,因此选择合适的尺度至关重要。

影响:在较大尺度下,聚类结果可能会合并一些小的簇,造成信息丢失;在较小尺度下,可能会出现过度分散的簇,导致结果不稳定。

策略:进行多尺度分析,尝试在不同的尺度下进行聚类分析,比较不同尺度聚类结果以获取全面的视角。此外,在进行密度自适应聚类时,一些聚类算法可以根据数据的密度自适应地调整聚类结果,如 DBSCAN,从而在不同密度区域自动识别合适的尺度。

4.2.3.2 高维数据

高维数据是指具有大量特征的数据集,这种数据在空间点聚类中常常会导致维度灾难,使得传统的聚类算法性能下降。高维空间数据具有稀疏性和维度灾难等特点,这给聚类分析带来了挑战。

影响:存在维度灾难,随着数据维度的增加,数据点之间的距离变得更加稀疏,聚类结果可能会失真;存在过拟合,高维空间下的聚类可能过度适应训练数据,无法泛化到新的数据集上。

策略:利用降维技术[如主成分分析(PCA)或流形学习方法]将高维数据映射到一个低维空间,以减少维度灾难的影响。进行特征选择,选择最相关的特征进行聚类,排除对聚类结果影响较小的特征。采用密度估计,在高维空间中对数据点的密度进行估计,以便更好地选择聚类算法和参数。

4.2.3.3 动态数据聚类

动态数据聚类涉及随时间变化的数据集,如移动物体的轨迹数据或环境传感器采集的实时数据。在这种情况下,聚类算法需要能够适应数据的变化,并能够及时地更新聚类结果。

挑战:数据在不同时间点可能会发生变化,新的点加入,旧的点离开,簇的形状和数量可能会发生改变。对于实时应用,聚类算法需要能够在数据更新时快速响应,并及时更新聚类结果。

策略:采用增量式算法,能够在新数据到来时快速更新聚类结果,如 BIRCH 算法(Balanced Iterative Reducing and Clustering Using Hierarchies,综合层次聚类算法)。也可以将数据划分为固定大小的滑动窗口,在每个窗口内进行聚类分析,以适应数据流的变化。还可以对时间序列数据进行建模,利用历史数据的模式来预测未来的聚类结果。

通过应对尺度问题、高维数据和动态数据聚类的挑战,可以提高空间点聚类算法在地理空间数据分析中的适用性和效果。这些策略可以根据具体的应用场景和数据特性进行灵活调整和组合。

4.3 基于DBSCAN聚类算法的居民OD点聚类实例

4.3.1 实习目的和要求

实习的主要目的是让学生通过实际操作,掌握基于DBSCAN聚类算法的居民OD点聚类,并了解其在地理空间数据分析中的应用。具体目的和要求如下。

1. 实习目的

理解算法原理:通过实践操作,使学生深入理解DBSCAN聚类算法的原理和特点,掌握其在空间数据分析中的应用。

掌握实践技能:培养学生使用Python编程语言结合scikit-learn库实现DBSCAN算法的能力,使学生学会运用所学知识处理实际地理空间数据。

应用能力培养:通过实践操作,学生将学会如何利用DBSCAN算法进行居民出行的起止点的聚类与分析,并对提取结果进行分析和解释,培养其在实际问题中应用所学知识的能力。

2. 实习要求

理论学习:学生首先需要通过课堂学习或自主学习了解DBSCAN聚类算法的原理和基本思想,包括核心点、边界点、噪声点的定义,以及算法的工作流程。

实践操作:学生需要使用Python编程语言结合scikit-learn库实现DBSCAN算法,并运用所学知识处理地理空间数据集。

结果分析:学生需要对实验结果进行分析,包括提取的起止点的数量、分布情况、簇的形状等,提出合理的解释和见解。

文档撰写:学生需要将实验过程、结果分析等内容进行文档记录,形成实习报告或实验笔记,以便后续复习和总结。

通过完成实习,学生将能够全面掌握基于DBSCAN聚类算法的居民出行起止点聚类分析方法,并具备运用所学知识解决实际问题的能力。同时,实习过程也将培养学生的实践操作能力、数据分析能力和文档撰写能力,为其今后的学习和工作打下坚实基础。

4.3.2 理论基础回顾

在开始具体的代码实现之前,先来回顾DBSCAN聚类算法的基本原理。DBSCAN是一种基于密度的聚类算法,适用于发现具有不规则形状的簇,并能有效处理噪声数据。其核心思想是通过识别高密度区域来形成簇,并将低密度区域中的点视为噪声。

核心点(core point):如果在指定半径(eps)内至少包含指定数量(minPts)的点,则称该点为核心点。

边界点(border point):在核心点的eps邻域内,但不是核心点的点称为边界点。

噪声点(noise point):既不是核心点也不是边界点的点称为噪声点。

DBSCAN算法的工作流程。

随机选择一个未被访问的点 p。如果 p 是核心点,则通过深度优先搜索(DFS)或广度优先搜索(BFS)找到其密度可达的所有点,并将它们归为一个簇。如果 p 是边界点,则将它归为与其所属核心点相同的簇。重复上述过程,直到所有点都被访问到。

4.3.3 具体案例

利用 Python 编程语言,根据 DBSCAN 算法原理,本书提供了基于 DBSCAN 算法对 OD 点对进行聚类的示例代码,如示例 4.2 所示。示例 4.2 中的 OD 数据,是示例 4.1 提取的 OD 数据文件 filtered_od_points.csv 分离出的部分 O 点文件 start_data.csv 和 D 点文件 end_data.csv;读者可以根据情况调整进行分析的 OD 数据的量。track 文件为成都市出租车车辆内置 GNSS 定位装置采集的居民出行轨迹数据。

示例 4.2　基于 DBSCAN 算法的 OD 点聚类代码示例

```python
import numpy as np
import pandas as pd
import matplotlib.pyplot as plt
from sklearn.cluster import DBSCAN
from sklearn.preprocessing import StandardScaler
from sklearn.metrics import silhouette_score

# 读取起点数据和终点数据
start_data =pd.read_csv('start_data.csv')
end_data=pd.read_csv('end_data.csv')

# 合并数据
od_data=pd.concat([start_data,end_data],ignore_index= True)

# 数据标准化
scaler=StandardScaler()
od_data_scaled=scaler.fit_transform(od_data[['longitude','latitude']])

# DBSCAN聚类算法实现
eps=0.2  # 邻域半径
min_samples=5  # 最小样本数
dbscan=DBSCAN(eps= eps,min_samples= min_samples)
labels=dbscan.fit_predict(od_data_scaled)

# 提取核心点作为居民OD点
od_points=od_data[labels != -1]
```

```python
# 计算聚类簇的中心点
cluster_centers=[]
for label in np.unique(labels):
    if label==-1:
        continue
    cluster_points=od_data[labels==label]
    center=cluster_points[['longitude','latitude']].mean()
    cluster_centers.append(center)
cluster_centers=pd.DataFrame(cluster_centers,columns=['Longitude','Latitude'])

# 计算包围盒
cluster_bounding_boxes=[]
for label in np.unique(labels):
    if label==-1:
        continue
    cluster_points=od_data[labels==label]
    min_lon,min_lat=cluster_points[['longitude','latitude']].min()
    max_lon,max_lat=cluster_points[['longitude','latitude']].max()
    bbox={'min_lon': min_lon,'min_lat': min_lat,'max_lon': max_lon,'max_lat': max_lat}
    cluster_bounding_boxes.append(bbox)
cluster_bounding_boxes=pd.DataFrame(cluster_bounding_boxes)

# 计算密度
cluster_densities=[]
for label in np.unique(labels):
    if label==-1:
        cluster_densities.append(0)  # 噪声点密度设置为 0
        continue
    cluster_points=od_data[labels==label]
    density=len(cluster_points)
    cluster_densities.append(density)

# 可视化生成的模拟数据
plt.figure(figsize=(8,6))
plt.scatter(od_data['longitude'],od_data['latitude'],s=10)
plt.title('OD Data')
plt.xlabel('Longitude')
plt.ylabel('Latitude')
plt.show()
```

```python
# 可视化聚类结果和提取的居民 OD 点
plt.figure(figsize=(8,6))
plt.scatter(od_data['longitude'],od_data['latitude'],c=labels,cmap='viridis',s=10)
plt.scatter(od_points['longitude'],od_points['latitude'],c='red',marker='x',label='OD Points')
plt.scatter(cluster_centers['Longitude'],cluster_centers['Latitude'],c='blue',marker='o',label='Cluster Centers')
for i in range(len(cluster_bounding_boxes)):
    bbox=cluster_bounding_boxes.iloc[i]
    plt.plot([bbox['min_lon'],bbox['min_lon'],bbox['max_lon'],bbox['max_lon'],bbox['min_lon']],
             [bbox['min_lat'],bbox['max_lat'],bbox['max_lat'],bbox['min_lat'],bbox['min_lat']],
             color='green',linestyle='--')
plt.title('DBSCAN Clustering of OD Data with Cluster Features')
plt.xlabel('Longitude')
plt.ylabel('Latitude')
plt.colorbar(label='Cluster Label')
plt.legend()
plt.show()


# 可视化聚类簇的中心点
plt.figure(figsize=(8,6))
plt.scatter(od_data['longitude'],od_data['latitude'],c=labels,cmap='viridis',s=10)
plt.scatter(cluster_centers['Longitude'],cluster_centers['Latitude'],c='red',marker='o',label='Cluster Centers')
plt.title('Cluster Centers')
plt.xlabel('Longitude')
plt.ylabel('Latitude')
plt.colorbar(label='Cluster Label')
plt.legend()
plt.show()


# 可视化聚类簇的包围盒
plt.figure(figsize=(8,6))
plt.scatter(od_data['longitude'],od_data['latitude'],c=labels,cmap='viridis',s=10)
```

```
for i in range(len(cluster_bounding_boxes)):
    bbox=cluster_bounding_boxes.iloc[i]
    plt.plot([bbox['min_lon'],bbox['min_lon'],bbox['max_lon'],bbox['max_lon'],bbox['min_lon']],
             [bbox['min_lat'],bbox['max_lat'],bbox['max_lat'],bbox['min_lat'],bbox['min_lat']],
             color= 'red',linestyle= '--')
plt.title('Cluster Bounding Boxes')
plt.xlabel('Longitude')
plt.ylabel('Latitude')
plt.colorbar(label= 'Cluster Label')
plt.show()

# 分析提取的居民OD点数量
num_od_points=len(od_points)
print("提取的居民出行起止点数量:",num_od_points)

# 分析簇的属性
cluster_properties=pd.DataFrame({'Cluster Label': np.unique(labels)})
cluster_properties['Num Points']=[len(od_data[labels= =label]) for label in cluster_properties['Cluster Label']]
cluster_properties['Density']=cluster_densities
cluster_properties['Bounding Box Area']= (cluster_bounding_boxes['max_lon'] -cluster_bounding_boxes['min_lon']) * \
(cluster_bounding_boxes['max_lat'] -cluster_bounding_boxes['min_lat'])

print("簇的属性分析:")
print(cluster_properties)

# 调优参数并评估聚类结果
best_score=-1
best_eps=None
best_min_samples=None
for eps in [0.1,0.2,0.3]:
    for min_samples in [3,5,7]:
        dbscan=DBSCAN(eps= eps,min_samples= min_samples)
        labels=dbscan.fit_predict(od_data_scaled)
```

```
        if len(np.unique(labels)) > 1:  # 忽略只有一个簇的情况
            score=silhouette_score(od_data_scaled,labels)
            if score > best_score:
                best_score=score
                best_eps=eps
                best_min_samples=min_samples

print("最佳参数:eps= {},min_samples= {}".format(best_eps,best_min_samples))
print("最佳轮廓系数:",best_score)
```

4.4 基于聚类OD点数据的居民出行模式分析

4.4.1 OD点聚类可视化分析

在4.3节中本书利用4.2节提取的OD数据进行了聚类分析,并进行了数据可视化处理。图4.20描述了生成的模拟居民出行数据。横轴:经度(longitude)。纵轴:纬度(latitude)。点的分布:每个点表示一个居民出行的起始点(OD点)。

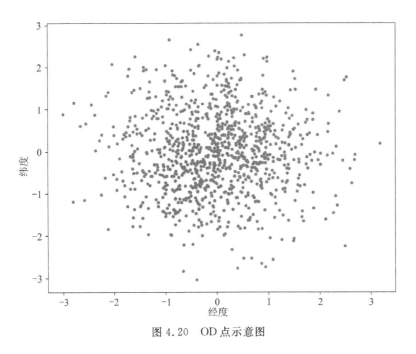

图4.20 OD点示意图

图4.21展示了DBSCAN聚类的结果。这张图展示了聚类后的结果,显示了数据点如何被划分成不同的簇以及提取的居民出行起止点的空间分布情况。每个数据点根据所属的聚类簇被赋予不同的形状,显示了数据点如何被划分成不同的簇。与其他图不同的是,该图不包含中心点和包围盒,以便更加直观地展示数据点的簇分布。

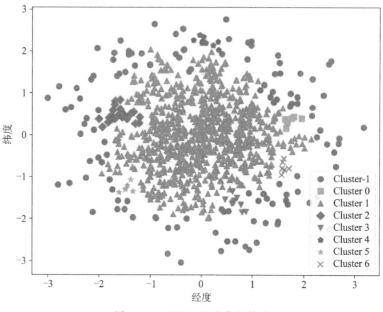

图 4.21 DBSCAN 聚类的结果

图 4.22 展示了聚类簇的中心点。这张图直观展示了每个聚类簇的中心点位置,有助于理解每个簇的中心位置及其在地理空间上的分布情况。大圆标记表示每个聚类簇的中心点,这些中心点是通过计算簇内所有点的平均值获得的。同样的,不同形状的点表示不同的聚类簇,每种形状代表一个簇。

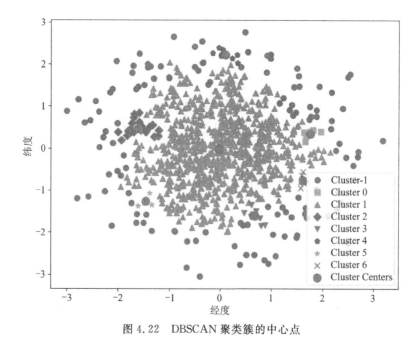

图 4.22 DBSCAN 聚类簇的中心点

图 4.23 展示了聚类簇的包围盒。这张图展示了每个聚类簇的空间范围,有助于理解每

个簇的空间分布及其覆盖范围。不同形状的点表示不同的聚类簇,而每个簇的包围盒以虚线框表示,显示了每个聚类簇的边界范围。

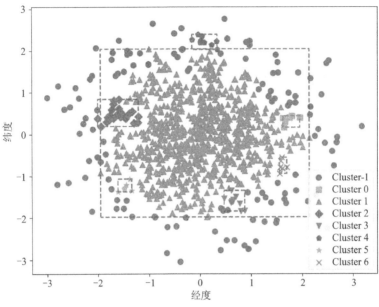

图 4.23 DBSCAN 聚类簇的中心点

4.4.2 聚类结果分析

根据示例 4.2 代码,聚类后的 OD 点对数据同样记录了每个聚类类簇内原始 OD 点对的数量、簇的属性分析、最佳参数和最佳轮廓系数,如图 4.24 所示。

```
提取的居民出行起止点数量: 874
簇的属性分析:
   Cluster Label  Num Points  Density  Bounding Box Area
0            -1          126        0           0.088347
1             0            6        6          16.473818
2             1          815      815           0.524856
3             2           22       22           0.207602
4             3           10       10           0.178618
5             4            9        9           0.083100
6             5            6        6           0.057192
7             6            6        6                NaN
最佳参数: eps=0.3, min_samples=7
最佳轮廓系数: 0.19475090481975077
```

图 4.24 利用 DBSCAN 进行 OD 点聚类输出结果示例

1. 类簇内居民出行原始 OD 点对数量

图 4.24 中"Num Points"字段记录了每一行聚类类簇中原始 OD 点对的数量。归属于该聚类类簇的这些原始 OD 点对数量表征了高密度区域的点数。通过识别这些点,可以了解居民的主要活动区域范围,并结合其时间特征对居民出行规律进行分析。

2. 簇的属性分析

图 4.24,展示了每个聚类簇的具体属性,包括簇的中心点、包围盒、密度等。簇 ID:每个簇的唯一标识;中心点(center point):簇内所有点的平均值,表示簇的几何中心;包围盒(bounding box):定义簇的最小边界矩形,表示簇的空间覆盖范围;点数量(number of points):簇内点的数量,表示簇的规模;密度(density):簇内点的密度,表示簇的紧凑程度。

3. 最佳参数:eps,min_samples

图 4.24 倒数第二行,表示在 DBSCAN 聚类算法中,选择的最优参数组合。其中,eps 是邻域半径,表示一个点被认为是核心点的邻域范围。min_samples 是最小样本数,表示一个点要被认为是核心点,其邻域内至少需要包含的点数(包括其自身)。

这些参数决定了聚类的效果。适当的参数可以使得聚类结果更加准确和有效。eps 过大代表可能导致簇的数量减少,甚至所有点被归为一个簇;eps 过小代表可能导致簇的数量过多,甚至所有点都被认为是噪声。min_samples 过大代表可能导致很多点不能成为核心点,形成簇的数量减少;min_samples 过小代表可能导致形成很多小簇,簇的质量下降。因此,选择合适的参数可以确保聚类结果既不太分散也不过于集中,从而得到合理的簇结构。

4. 最佳轮廓系数

如图 4.24 最后一行所示,最佳轮廓系数(silhouette score)用于评估聚类结果的质量,范围为[-1,1]。1 表示点完全分配合理,簇内点之间的距离远小于不同簇间点之间的距离;0 表示点恰好在两个簇的边界上;-1 表示点被错误地分配到簇中。

最佳轮廓系数值反映了聚类结果的好坏。较高的轮廓系数表示聚类结果较好,即簇内点之间的相似度高,而簇间点之间的差异大。高轮廓系数表示聚类效果好,簇的内部结构紧密,簇之间的分离度高;低轮廓系数表示聚类效果差,可能存在簇内部混乱或簇间重叠等问题。

4.4.3 OD 流可视化分析

OD 流可视化分析是展示居民出行时空特征的一个重要步骤。本书采用飞线图方式,利用 ArcGIS10.4 软件绘制飞线图对聚类后的 OD 点数据进行可视化操作。飞线图主要是由起点、终点和其连线组成的。起点、终点可以表示 OD 的方向,连线可以用于反映两点之间的某种关系,如航班线路、人口迁徙、交通流量、经济往来等,一般通过线的颜色和粗细,以及起止点的大小来表达各要素间的关系。

4.4.3.1 利用 Python 编程代码实现 OD 点聚类

示例 4.3 展示了利用 k-Means 聚类算法对 OD 点对数据进行聚类并输出,包括出发地、目的地、指标、O_x(起点经度)、O_y(起点纬度)、D_x(终点经度)、D_y(终点纬度)信息的数据,并将其保存为".csv"或者".xls"格式文件。根据示例代码,利用 OD 点类簇的中心点及其地理坐标进行可视化分析。同时,统计每个 O 点类簇到每个 D 点类簇的出行量作为可视化热度指标。

示例 4.3　基于 k-Means 聚类算法的 OD 点分析 Python 代码示例

```python
import pandas as pd
import numpy as np
from sklearn.cluster import KMeans
from sklearn.preprocessing import StandardScaler
from sklearn.metrics import pairwise_distances_argmin_min

# 读取 OD 点数据
o_points_df=pd.read_csv('start_data.csv')
d_points_df=pd.read_csv('end_data.csv')

# 数据预处理
def preprocess_data(df):
    data=df[['longitude','latitude']]
    scaler=StandardScaler()
    data_scaled=scaler.fit_transform(data)
    return data_scaled,scaler

o_data_scaled,o_scaler=preprocess_data(o_points_df)
d_data_scaled,d_scaler=preprocess_data(d_points_df)

# k-Means 聚类分析
def perform_kmeans(data,n_clusters=10):
    kmeans=KMeans(n_clusters=n_clusters,random_state=0)
    labels=kmeans.fit_predict(data)
    centers=kmeans.cluster_centers_
    centers=o_scaler.inverse_transform(centers)   # 逆转换为原始经纬度坐标
    return labels,centers

# 设置簇的数量
n_clusters=10
o_labels,o_centers=perform_kmeans(o_data_scaled,n_clusters=n_clusters)
d_labels,d_centers=perform_kmeans(d_data_scaled,n_clusters=n_clusters)
```

```python
# 提取聚类中心点和簇大小
def get_cluster_info(df,labels,centers):
    clusters=[]
    for label in np.unique(labels):
        cluster_points=df[labels==label]
        center=centers[label]
        size=len(cluster_points)
        clusters.append({'cluster_id': label,'center': center,'size': size})
    return clusters

o_clusters=get_cluster_info(o_points_df,o_labels,o_centers)
d_clusters=get_cluster_info(d_points_df,d_labels,d_centers)

# 匹配 O 点簇和 D 点簇
results=[]
for o_cluster in o_clusters:
    o_cluster_id=o_cluster['cluster_id']
    o_center=o_cluster['center']
    o_vehicle_ids=set(o_points_df[o_labels==o_cluster_id]['vehicle_id'])

    for d_cluster in d_clusters:
        d_cluster_id=d_cluster['cluster_id']
        d_center=d_cluster['center']
        d_vehicle_ids=set(d_points_df[d_labels==d_cluster_id]['vehicle_id'])

        common_vehicle_ids=o_vehicle_ids.intersection(d_vehicle_ids)
        match_count=len(common_vehicle_ids)

        results.append([
            o_cluster_id,o_center[1],o_center[0],  # 注意这里交换了经纬度顺序
            d_cluster_id,d_center[1],d_center[0],match_count  # 注意这里交换了经纬度顺序
        ])

# 输出结果到 CSV 文件
results_df=pd.DataFrame(results,columns=[
    'O_cluster_id','O_center_latitude','O_center_longitude',
    'D_cluster_id','D_center_latitude','D_center_longitude','match_count'
])
results_df.to_csv('OD_cluster_matches_kmeans.csv',index=False)

print("OD 点簇匹配结果已保存到 OD_cluster_matches_kmeans.csv 文件中")
```

4.4.3.2 利用 ArcGIS 系列软件实现 OD 出行飞线图制作

将得到的 OD 聚类数据处理成图 4.25 所示格式并用 ArcMap10.4 对其进行 OD 流图的可视化。图 4.25 展示了制作 OD 出行图所需要的数据。利用示例 4.3 进行 OD 点聚类后的输出数据处理成图 4.25 所示样式。以下内容详述了如何利用 ArcGIS 系列软件实现基于 OD 聚类数据的飞线图制作。

	A	B	C	D	E	F
1	OX	OY	DX	DY	match_count	
2	104.067	30.65911	104.13	30.62626	10756	
3	104.067	30.65911	104.0642	30.67907	12565	
4	104.067	30.65911	104.0705	30.61781	12198	
5	104.067	30.65911	103.9942	30.66528	10427	
6	104.067	30.65911	103.9711	30.5863	7427	
7	104.067	30.65911	104.0564	30.57002	6996	
8	104.067	30.65911	104.112	30.68845	11066	
9	104.067	30.65911	104.026	30.70159	11042	
10	104.067	30.65911	104.0353	30.64592	12388	
11	104.067	30.65911	104.0831	30.65126	12768	

图 4.25　聚类信息格式

(1) 首先需要将上一步获取的 OD_cluster_matches_kmeans 文件数据导入 ArcMap 操作平台，随后点击菜单栏"文件"→"添加数据"→"添加 XY 数据"，如图 4.26 所示。

图 4.26　添加 XY 数据

(2)在弹出的窗口中选择要加载的数据文件,并选择 X、Y 坐标,保证加载的数据以点的形式展示。分别导入 O 点和 D 点,如图 4.27 所示。

图 4.27 导入 OD 点

得到 OD 点与区域图,如图 4.28 所示。

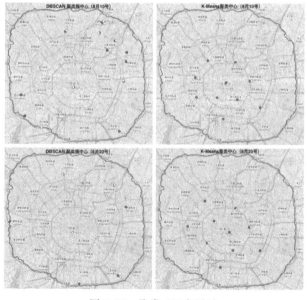

图 4.28 聚类 OD 点展示

(3)利用XY转线工具绘制OD图。在ArcToolbox中依次点击"数据管理工具"→"要素"→"XY转线",如图4.29所示。

(4)在弹出的窗口中选择OD数据聚类表,起点及终点的X、Y字段处分别选择OD点的经纬度,并在ID处选择OD簇匹配数量值,如图4.30所示。

(5)点击"确定"之后,待软件运行完成,一幅OD图就制作完成了。但是目前还无法从OD线中判断OD数据的具体情况,因此还需要调整一下该图的可视化效果,如图4.31所示。

(6)鼠标右键点击OD线图层,选择"图层属性"→"符号系统",值字段选择OD匹配数量,在模板颜色里可更改OD线段颜色样式等,也可自行更改分类数目及分类间断点。这样可以根据线条粗细来分辨OD流的流量,如图4.32和图4.33所示。

(7)最后可以在布局视图下,加上图例、指北针、地图、底图等其他元素制作出精美的OD流图。

注意:OD流图的可视化效果很大程度取决于提取的OD数据质量,所以做OD提取时尽可能多地做多天数轨迹数据提取。不同类型的聚类方法提取的聚类中心也有差异,可以尝试最适合你所提取的OD点的聚类方法提取簇的中心点并匹配OD。底图范围不足可以在网上自行下载成都市底图。样图如图4.34所示(该图由2022级钟磊同学制作,参考钟磊同学地理空间数据生成与应用报告)。

图4.29 XY转线工具

图4.30 XY转线字段

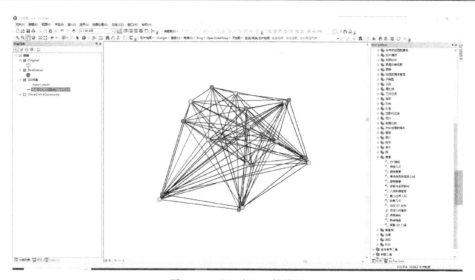

图 4.31　OD 流 XY 转线图

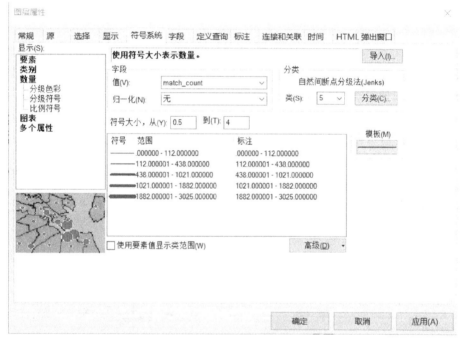

图 4.32　分级符号

OD 流图(Origin-Destination Flow Diagram)是展示不同地点之间流动模式的可视化工具,广泛应用于城市规划、交通管理、物流与供应链、旅游与商圈分析、公共安全与应急管理、环境保护与生态研究、商业与市场分析等领域。通过直观展示人群、货物、车辆等的流动路径,OD 流图帮助识别流动规律、优化资源配置、支持决策制定,进而提高效率、增强安全性、促进经济发展和保护环境。它可以帮助交通管理部门优化道路规划,物流企业减少运输成本,城市规划者选择最佳商业网点,环境保护者追踪污染源等。OD 流图在理解和优化各种空间流动模式方面具有重要作用,为多个领域提供了支持和决策依据。

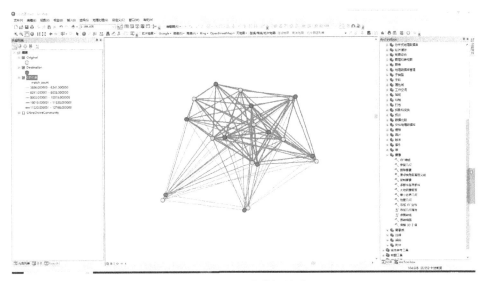

图 4.33 OD 流分级展示

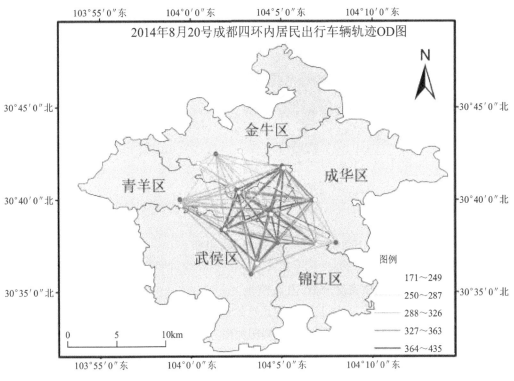

图 4.34 OD 流可视化图

4.4.4 居民出行核密度分析

为了探索在不同时间居民出行目的地的空间分布特征,还可以针对 D 点(出行目的地)进行核密度分析,旨在揭示不同时间段内居民出行目的地的空间分布差异。核密度分析是一种空间分析方法,它通过计算每个点的局部密度,生成一个连续的表面,用于显示数据点的空间分布模式。这种方法特别适合用于分析地理数据的空间聚集情况。核密度分析的主要目的是通过计算每个 D 点的密度,生成一张密度表面图。该图可以显示 D 点在空间上的分布特征,帮助分析居民在不同时间段内选择出行目的地的规律。

在本书中,对 8 月 10 日(非工作日)和 8 月 20 日(工作日)两天的轨迹数据进行了详细处理,并选取了这两天的两个关键时间段——7:30 至 10:30 和 17:30 至 22:30 的 D 点数据。利用 ArcMap10.4 进行核密度分析,对工作日与非工作日、上午与晚上这 4 个时间段的居民出行目的地选择进行了深入分析。

具体操作步骤如下所示。

1. 导入各时间段的 D 点数据(图 4.35)。

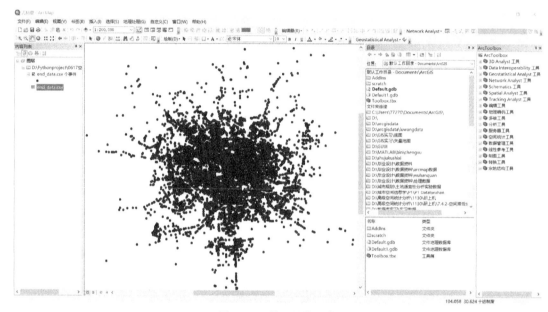

图 4.35 导入目的地点

2. 在 ArcToolbox 找到 Spatial Analyst 工具,使用密度分析中的核密度分析(图 4.36)。

3. 输入 D 点数据使用核密度分析(图 4.37)。

4. 最后可以在布局视图下,加上图例指北针地图底图等其他元素制作出精美的核密度可视化图。样图如图 4.38 所示(该图由 2022 级钟磊同学制作,参考钟磊同学地理空间数据生成与应用报告)。

通过对 8 月 10 日(非工作日)和 8 月 20 日(工作日)两天上午(7:30—10:30)与晚上(17:30—22:30)D 点数据进行核密度分析,可以从宏观和微观层面对比分析居民在不同时间段的出行模式及目的地选择。以下是对分析结果的详细解读。

图 4.36 核密度分析

图 4.37 核密度分析参数

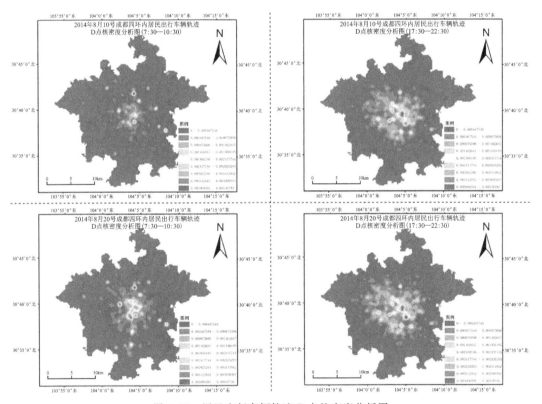

图 4.38 居民出行车辆轨迹 D 点核密度分析图

宏观层面分析。

(1)工作日与非工作日的分布差异。

从宏观层面来看,工作日的 D 点分布较广泛,涵盖了多个商业、办公、工业以及服务功能区。这表明在工作日,居民的出行目的地多样化,包括前往公司、医院、商场、教育机构等多个地方,显示出多种生活和工作需求的同时进行。非工作日的出行则相对集中在娱乐、购物和家庭活动相关的区域。值得注意的是,工作日早晨的出行高峰通常集中在商业区和办公区,反映出市民的通勤需求,而非工作日则更多集中在旅游景点、公园和购物中心等休闲娱乐场所。

(2)白天与晚上的分布差异。

不论是工作日还是非工作日,晚上的 D 点分布范围普遍比白天更广。晚间的出行活动涉及回家、聚会、购物、休闲等多种需求,因此 D 点在整个城市范围内分布较为均匀,尤其是住宅区周围,显示出居民在晚间的出行活动更多元化、涉及区域更广泛。相比之下,白天的出行主要集中在商业区和办公区,反映了工作和商业活动的集中性。此外,晚间的高密度出行区域还包括餐饮和娱乐区,表明居民在下班后有较高的社交和娱乐活动需求。

微观层面分析。

(1)成都市火车北站和火车东站。

对比 8 月 10 日和 8 月 20 日上午的 D 点核密度图,可以看到成都市火车北站和火车东站附近均为高密度区域。这表明无论是工作日还是非工作日,上午选择赶火车的居民数量较多,显示出这些车站作为交通枢纽的重要性,以及居民频繁使用铁路交通工具的出行习惯。这一现象反映了火车站作为长途出行的关键节点,其周边的交通流量较为集中,并且在早高峰期间尤其明显。

(2)四川省人民医院附近。

在对比 8 月 20 日(工作日)和 8 月 10 日(非工作日)的上午时间段时,可以发现四川省人民医院附近的 D 点密度在工作日显著高于非工作日。这表明工作日该医院接诊的患者更多,显示出居民在工作日期间更倾向于利用工作日的时间段前往医院进行就诊和检查,反映了医院工作日人流量较大的特征。这也暗示了医疗资源在工作日的高需求,提示相关部门在非工作日加强医疗服务供给可能会缓解部分压力。

(3)成都高新技术产业开发区。

对比 8 月 10 日和 8 月 20 日上午时间段的 D 点分布情况,成都高新技术产业开发区在 8 月 10 日的核密度图上几乎是低密度区域,而在 8 月 20 日则显示为高密度区域。这反映出在工作日,前往高新区工作的上班族较多,显示出该区域作为成都市主要经济活动和技术开发区的特征;而在非工作日,居民较少前往该区域,表明其主要功能集中在工作日的经济和技术活动上。这种差异可以为高新区的交通管理和基础设施规划提供依据,如在工作日加强公共交通服务,以缓解早晚高峰的交通压力。

(4)白天与晚上的出行活动差异。

无论是节假日还是工作日,晚上的 D 点高密度区域分布明显比白天更广泛。这表明晚间居民的出行目的地更加分散,涉及回家、购物、聚餐、娱乐等多种活动。白天的出行则更多集中在特定的商业、办公和服务功能区,如办公大楼、商业中心、医院等,显示出白天活动的集中性和特定性,而晚间则显示出更多样化和广泛的出行需求。这种现象提示城市规划者在晚间应加强公共安全和交通管理,确保市民在各种出行活动中的安全和便利。

结论与总结。

通过核密度分析的结果,可以从宏观和微观两个层面深入理解成都市居民在不同时间段的出行模式及目的地选择。宏观来看,工作日的出行活动涉及范围更广,晚间的出行目的地更加分散,显示出居民的生活与工作活动的多样性和广泛性。微观来看,特定的功能区如交通枢纽、医疗机构、技术开发区等在不同时间段显示出显著的出行活动差异,反映出这些区域在城市功能布局中的重要角色。

这些分析结果为城市规划和交通管理提供了重要的依据,有助于优化城市功能布局,提高居民的生活质量和出行效率。进一步分析结果表明,合理安排城市公共资源,改善交通设施,提升居民的出行便利性和安全性尤为重要。通过识别高密度出行区域,可以更有效地进行交通疏导和公共资源分配,推动城市的可持续发展。此外,这些研究结果还可以为商业选址、公共服务设施布局以及应急管理等提供参考依据,助力实现城市发展的精细化管理。

5 轨迹大数据应用2：道路交通流量分析

5.1 道路交通流量评估方法介绍

5.1.1 传统交通流量评估方法

5.1.1.1 交通流量调查

交通流量调查是比较传统和直接的交通流量评估方法，主要通过人工或机械方式记录特定时间段内道路上的车辆数量。交通流量调查可以分为以下几种方式。

1. 人工调查

人工调查通常是指在特定的时间和地点安排调查人员记录经过的车辆数量、类型和时间。调查人员可以使用手持计数器或记录表格来记录数据。人工调查常用于短期交通流量研究，如特定路口的高峰期交通流量调查、节假日交通情况分析等。

优点：简单直观，无须复杂设备，调查人员只需具备基本的记录能力；灵活性高，可以根据具体需要调整调查时间和地点，适用于小范围、临时性的交通流量评估。

缺点：人为误差，调查人员可能因疲劳、注意力分散等原因导致数据记录不准确；成本较高，需要雇用大量人员进行记录，尤其是大规模调查时；时效性差，无法实时获取数据，通常需要后续整理和分析。

2. 机械计数器

机械计数器通过安装在道路上的车辆检测器（如感应线圈、气管、红外传感器等）自动记录车辆的通过数量和类型。机械计数器广泛用于长期监测道路交通流量，如城市主要干道、高速公路的交通流量监测。

优点：自动化程度高，无须人工干预，可以长时间连续记录数据；数据精度高，通过高精度传感器检测车辆，数据误差小；适用范围广，可以安装在多种类型的道路上，适用于大范围交通流量监测。

缺点：安装和维护成本高，需要专业人员安装和维护设备，成本较高；受环境影响，传感器可能受天气、路况等环境因素影响，导致数据误差。

5.1.1.2 交通流量模型

交通流量模型通过数学模型模拟和预测交通流量,帮助交通管理者了解和预测交通流量变化,它主要包括以下几种模型。

1. 基本流量模型

基本流量模型通过数学公式描述交通流量(Q)、车速(V)和车流密度(K)之间的关系。常见的模型如 Q-K-V 模型,其中:$-Q=K \times V$。基本流量模型用于分析单条道路的交通流量变化,帮助理解车流密度和车速对交通流量的影响。

优点:简单易懂,模型公式简单,容易理解和应用;实用性强,适用于基本的交通流量分析,帮助管理者制定简单的交通管理措施。

缺点:适用范围有限,模型只适用于单条道路的分析,无法处理复杂的交通网络;精度有限,模型假设较多,无法准确反映实际交通流量的复杂性。

2. 宏观交通流模型

宏观交通流模型基于连续介质力学,模拟大规模交通流的动态变化。常见的模型如 LWR 模型(Lighthill-Whitham-Richards 模型),通过偏微分方程描述车流密度和车速随时间和空间的变化。宏观交通流模型广泛应用于大规模交通流量预测,如城市交通网络、高速公路交通流量预测。

优点:适用范围广,适用于大规模交通流量分析,可以模拟复杂的交通网络;动态预测,可以预测交通流量随时间和空间的变化,帮助管理者制定动态交通管理措施。

缺点:模型复杂,模型涉及复杂的数学公式和计算,应用难度较大;数据需求高,模型需要大量高精度数据支持,数据获取成本较高。

3. 微观交通流模型

微观交通流模型模拟个体车辆的行为和相互作用。常见的模型如 Car-Following 模型和 Lane-Changing 模型,通过数学公式描述车辆跟随和换道行为。微观交通流模型用于详细分析个体车辆的行为,帮助优化交通信号控制、车道设计等。

优点:精度高,模型可以精确模拟个体车辆的行为,适用于细致的交通流量分析;应用广泛,适用于交通信号控制优化、车道设计等具体交通管理措施。

缺点:计算复杂,模型涉及大量个体车辆行为的计算,计算量大;数据需求高,模型需要详细的车辆行为数据,数据获取成本较高。

5.1.2 利用传感器和大数据分析的交通流量评估方法

1. 基于交通监控摄像头的道路流量监控

交通监控摄像头通过图像处理技术实时监测和记录车辆流量、车速、车种等信息。图像处理技术包括背景减除、边缘检测、运动检测等。交通监控摄像头广泛用于城市道路和高速公路的交通流量监测，如路口交通监控、拥堵路段监控等。

优点：实时监控，可以实时获取交通流量数据，适用于动态交通管理；数据丰富，除了交通流量，还可以记录车速、车种等详细信息；可视化强，图像数据可以直观展示交通情况，帮助管理者快速判断和决策。

缺点：成本较高，摄像头设备及其安装、维护成本较高；数据处理复杂，图像数据处理和分析复杂，需要较高的技术支持；易受环境影响，摄像头可能受天气、光线等环境因素影响，导致数据不准确。

2. 利用 GNSS 轨迹数据的道路流量监控

GNSS 轨迹数据由安装了 GNSS 设备的车辆或者定位装置来获取，通过分析城市居民出行轨迹数据实现道路交通流量评估。目前一些出行服务应用，如高德导航，会在后台通过分析用户出行位置时间数据，实现道路流量或红绿灯信号实时感知及预测。GNSS 轨迹数据广泛应用于大范围道路交通流量监测，如城市道路网络、高速公路交通流量评估等。

优点：数据覆盖广，可以覆盖整个城市或区域的道路网络；实时性强，可以实时获取车辆位置和速度信息，适用于动态交通流量评估；数据量大，通过海量数据分析，可以精确计算车辆的行驶路径和速度，实现速度、流量精准预估。

缺点：数据隐私问题，GNSS 数据涉及车辆和个人隐私，需要妥善处理和保护；数据处理复杂，众源 GNSS 数据存在采集设备型号多样、采集者出行目的复杂、定位数据受城市峡谷等因素干扰，给数据处理带来了困难，专业技术要求较高。

5.1.3 新兴技术在交通流量评估中的应用

1. 物联网（Internet of Things，IoT）

物联网技术通过将各种交通检测设备（如传感器、摄像头、车辆 GPS 设备等）联网，实现数据的实时采集和传输。物联网在交通流量评估中的应用包括智能交通系统（intelligent transportation system，ITS）和车联网（vehicle to everything，V2X）等。

优点：数据实时，可以实时采集和传输数据，适用于动态交通管理；数据全面，可以整合各种交通检测设备的数据，获取全面的交通流量信息；智能化管理，通过物联网技术实现交通信号灯、路况信息牌、电子收费系统等设备的智能化管理和控制。

缺点：成本较高，需要大量物联网设备且安装、维护成本较高；物联网技术涉及数据采集、传输、处理和分析等多个环节，技术要求较高；数据安全问题，物联网设备和数据的安全性需要得到保障，防止数据泄露和攻击。

2. 人工智能（Artificial Intelligence，AI）

人工智能技术通过机器学习和深度学习算法对交通流量数据进行预测和分析，帮助交通管理者制定优化措施。人工智能技术在交通流量评估中的应用包括交通流量预测、交通信号控制优化、交通事故预测等。

优点:数据分析能力强,通过机器学习和深度学习算法,可以深入分析和预测交通流量;动态优化,可以实时优化交通信号控制、车道设计等,提升交通管理效率;应用广泛,适用于交通流量预测、交通事故预测、交通信号控制优化等多个领域。

缺点:数据需求高,人工智能算法需要大量高质量的数据支持,数据获取成本较高;算法复杂,人工智能算法复杂,需要高水平的技术支持和计算能力;数据隐私问题,需要妥善处理和保护数据隐私。

道路交通流量评估方法随着技术的发展不断演进,从传统的人工调查和机械计数器,到现代的交通监控摄像头和GNSS轨迹数据,再到物联网和人工智能等新兴技术,各种方法各有优劣,相互补充。通过结合多种方法,可以获得更加全面和准确的交通流量信息,为城市交通管理和规划提供有力支持。

5.2 基于轨迹数据的道路交通流量评估

5.2.1 轨迹数据预处理

数据预处理是分析轨迹数据的基础步骤,旨在清洗和规范化原始数据,确保后续分析的准确性。

5.2.1.1 数据清洗

1. 去除重复数据

重复数据会导致统计结果的偏差,因此需要去除

```
import pandas as pd
# 读取轨迹数据文件
data=pd.read_csv('trajectory_data.txt',delimiter=',',header=None,names=['VehicleID','Latitude','Longitude','Status','Time'])
# 去除重复数据
data=data.drop_duplicates()
```

2. 处理缺失值

缺失值会影响数据分析的完整性,通常采用填补或删除的方法处理

```
# 处理缺失值,删除含有缺失值的行
data = data.dropna()
```

3. 异常值检测与处理

异常值是指明显超出正常范围的数据点，如速度异常快的点
异常值检测（简单示例：去除速度过快的点）

```
data['Time']=pd.to_datetime(data['Time'])
data['Time_diff']=data.groupby('VehicleID')['Time'].diff().dt.total_seconds()
data['Distance']=((data['Latitude'].diff()2+data['Longitude'].diff()2)0.5)* 111
# 大约每度是 111km
data['Speed']=data['Distance']/data['Time_diff']
data=data[(data['Speed']<150)|(data['Speed'].isna())]   # 去除速度超过 150km/h 的点
```

5.2.1.2 数据插值

轨迹数据可能存在时间间隔较大的点，导致轨迹不连续。可以通过插值方法填补缺失的轨迹点

```
import numpy as np
# 插值方法填补缺失点
data['Latitude']=data['Latitude'].interpolate(method='linear')
data['Longitude']=data['Longitude'].interpolate(method='linear')
```

5.2.1.3 数据规范化

为了便于分析，可以对经纬度数据进行规范化处理，将地理坐标转换为平面坐标系

```
from pyproj import Proj,transform
# 定义投影坐标系
in_proj=Proj(init='epsg:4326')   # WGS84 坐标系
out_proj=Proj(init='epsg:3857')   # Web 墨卡托坐标系
# 经纬度转换为平面坐标
data['X'],data['Y']=transform(in_proj,out_proj,data['Longitude'].values,data['Latitude'].values)
```

5.2.2 基于轨迹数据的交通流量评估

交通流量评估的目的是通过分析轨迹数据，计算特定路段和时间段的交通流量，提供决策支持。

5.2.2.1 路段流量计算

通过统计特定路段内的车辆数量，计算路段流量

```
# 计算特定路段的交通流量
# 假设选择特定路段的经纬度范围进行筛选
lat_min,lat_max=31.2300,31.2400
lon_min,lon_max=121.4700,121.4800
```

```
road_segment=od_df[(od_df['Latitude']>=lat_min) & (od_df['Latitude']<=lat_max) &
                (od_df['Longitude']>=lon_min) & (od_df['Longitude']<=lon_max)]
# 统计该路段的车辆数量
road_segment_flow=road_segment['VehicleID'].nunique()
print(f"该路段的交通流量为:{road_segment_flow}辆")
```

5.2.2.2 不同时段流量分析

通过分析不同时段的 OD 点,了解交通流量的时间变化规律

```
# 按小时统计交通流量
od_df['Hour']=od_df['Time'].dt.hour
hourly_flow=od_df.groupby('Hour')['VehicleID'].nunique()
# 可视化
import matplotlib.pyplot as plt
plt.figure(figsize=(10,6))
plt.plot(hourly_flow.index,hourly_flow.values,marker='o')
plt.title('不同时段交通流量')
plt.xlabel('小时')
plt.ylabel('车辆数量')
plt.grid(True)
plt.show()
```

5.2.2.3 机器学习方法应用

通过机器学习算法对交通流量进行预测和分析。

1. 特征要素

提取影响交通流量的特征,如时间、天气、节假日等

```
from sklearn.model_selection import train_test_split
# 生成示例特征
od_df['DayOfWeek']=od_df['Time'].dt.dayofweek
od_df['IsWeekend']=od_df['DayOfWeek'].isin([5,6]).astype(int)
features=od_df[['Hour','DayOfWeek','IsWeekend']]
labels=od_df['VehicleID']
# 分割训练集和测试集
X_train,X_test,y_train,y_test=train_test_split(features,labels,test_size=0.3,ran-
dom_state=42)
```

2. 模型训练

使用常见的机器学习算法训练模型

```
from sklearn.ensemble import RandomForestRegressor
from sklearn.metrics import mean_squared_error
# 训练随机森林模型
model=RandomForestRegressor(n_estimators=100,random_state=42)
model.fit(X_train,y_train)
# 预测和评估
y_pred=model.predict(X_test)
mse=mean_squared_error(y_test,y_pred)
print(f"均方误差:{mse}")
```

3. 模型应用

使用训练好的模型预测未来的交通流量

```
# 使用模型进行流量预测
future_features=pd.DataFrame({
    'Hour':[8,9,10],
    'DayOfWeek':[1,1,1],
    'IsWeekend':[0,0,0]
})
future_predictions=model.predict(future_features)
print(f"未来流量预测:{future_predictions}")
```

5.2.3 案例分析

通过实际案例演示如何进行交通流量评估,帮助学生掌握实际操作技巧。

5.2.3.1 案例数据选择

从成都市轨迹数据文件(2014 年 8 月 3 日的成都市轨迹数据文件)中读取前 200 000 行数据进行分析。文件格式为每行记录一个轨迹点,包含车辆 ID、纬度、经度、载客状态和时间,以逗号分隔。

5.2.3.2 数据读取与预处理

首先,读取轨迹数据并进行基本的清洗和预处理

```
import pandas as pd
import matplotlib.pyplot as plt
from sklearn.model_selection import train_test_split
from sklearn.ensemble import RandomForestRegressor
```

```
from sklearn.metrics import mean_squared_error
```

```
# 读取前200 000行轨迹数据
data_file='20140803_train.txt'
data=pd.read_csv(data_file,delimiter=',',header=None,names=['VehicleID','Latitude','Longitude','Status','Time'],nrows=200 000)# 检查数据
print(data.head())
# 去除重复数据
data=data.drop_duplicates()
# 处理缺失值,删除含有缺失值的行
data=data.dropna()
# 转换时间格式
data['Time']=pd.to_datetime(data['Time'])
```

5.2.3.3 交通流量评估

通过统计特定路段内的车辆数量和分析不同时段的交通流量变化,进行流量评估。

1. 路段流量计算

计算特定路段的交通流量

```
# 定义感兴趣的道路范围经纬度
lat_min,lat_max=30.576 3,30.578 7
lon_min,lon_max=104.066 5,104.072 5
# 筛选特定路段的轨迹数据
road_segment=data[(data['Latitude'] >=lat_min) & (data['Latitude']<=lat_max) &
                  (data['Longitude'] >=lon_min) & (data['Longitude']<=lon_max)]
# 统计该路段的车辆数量
road_segment_flow=road_segment['VehicleID'].nunique()
print(f"天府大道的交通流量为:{road_segment_flow}辆")
# 可视化结果
plt.figure(figsize=(10,6))
plt.scatter(data['Longitude'],data['Latitude'],s=1,label='All data')
plt.scatter(road_segment['Longitude'],road_segment['Latitude'],s=10,c='red',label='Selected road segment')
plt.xlabel('Longitude')
plt.ylabel('Latitude')
plt.title('Traffic Flow on Tianfu Avenue')
plt.legend()
plt.show()
```

2. 不同时段流量分析

按小时统计交通流量,并进行可视化分析

```
# 按小时统计交通流量
od_df['Hour']=od_df['Time'].dt.hour
hourly_flow=od_df.groupby('Hour')['VehicleID'].nunique()

# 可视化
import matplotlib.pyplot as plt
plt.figure(figsize=(10,6))
plt.plot(hourly_flow.index,hourly_flow.values,marker='o')
plt.title('不同时段交通流量')
plt.xlabel('小时')
plt.ylabel('车辆数量')
plt.grid(True)
plt.show()
```

3. 机器学习方法应用

通过机器学习方法对交通流量进行预测和分析。

（1）特征要素。

提取影响交通流量的特征,如时间、天气、节假日等

```
from sklearn.model_selection import train_test_split
# 生成示例特征
od_df['DayOfWeek']=od_df['Time'].dt.dayofweek
od_df['IsWeekend']=od_df['DayOfWeek'].isin([5,6]).astype(int)
features=od_df[['Hour','DayOfWeek','IsWeekend']]
labels=od_df['VehicleID']
# 分割训练集和测试集
X_train,X_test,y_train,y_test = train_test_split(features,labels,test_size=0.3,random_state=42)
```

（2）模型训练。

使用常见的机器学习算法训练模型

```
from sklearn.ensemble import RandomForestRegressor
from sklearn.metrics import mean_squared_error
# 训练随机森林模型
model=RandomForestRegressor(n_estimators=100,random_state=42)
model.fit(X_train,y_train)
# 预测和评估
y_pred=model.predict(X_test)
mse=mean_squared_error(y_test,y_pred)
print(f"均方误差:{mse}")
```

(3)流量预测。

使用训练好的模型预测未来的交通流量

```
# 使用模型进行流量预测
future_features=pd.DataFrame({
    'Hour':[8,9,10],
    'DayOfWeek':[1,1,1],
    'IsWeekend':[0,0,0]
})

future_predictions=model.predict(future_features)
print(f"未来流量预测：{future_predictions}")
```

5.2.3.4 结果讨论

以成都市 2014 年采集的出租车轨迹数据为例,利用上述示例代码分别进行实验和分析。图 5.1 为实验区域轨迹数据可视化结果,其中圆点标记了流量评估和预测的目标路段。

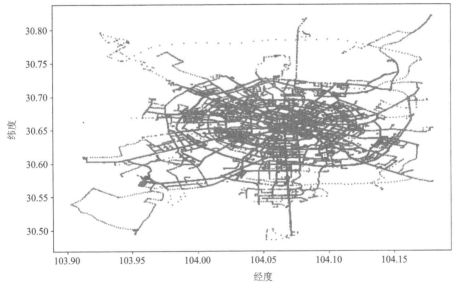

图 5.1 轨迹数据可视化

图 5.2 评估了 2014 年 8 月 3 日 7 点到 23 点时段天府大道路段的交通流量,结果表明,10 点到 12 点时段流量较高,随着时间的推移,流量逐渐下降。图 5.3 展示了利用随机森林模型,对目标路段(天府大道路段)进行流量预测,其中均方误差越小,模型预测效果越好。数据质量、实验示例数据量不足等原因,都会导致模型预测效果不佳,因此在进行流量预测时,应使用足量的轨迹数据进行模型训练与分析,本书实验仅做示例。

交通管理建议:如图 5.2 所示,城市交通流量的高峰期通常在 10 点至 12 点时间段,以及 17 点时间段。因此,为了避免高峰时间段的交通拥堵情况,应当在高峰期前,如 9 点半、11 点

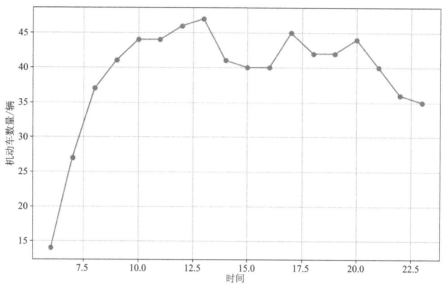

图 5.2 交通流量时段变化图

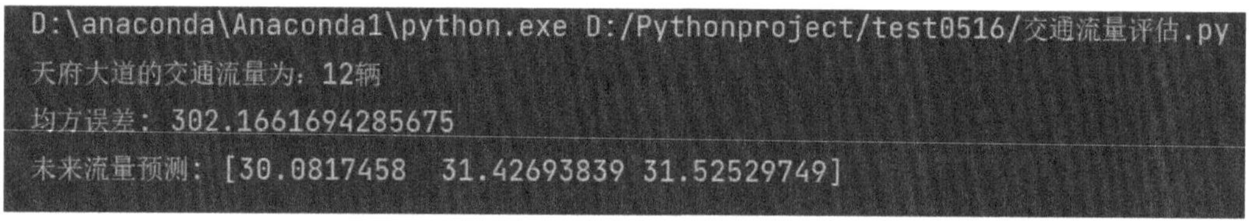

图 5.3 流量评估结果

半、17点等增加交通警力和疏导措施。优化红绿灯时长和相位,缓解拥堵。引导车辆避开高峰时段,分散交通流量。通过详细的数据分析和预测,可以更好地理解和管理城市交通流量,提高交通效率,减少拥堵和污染。

5.2.4 扩展与讨论

1. 数据融合

为了提高交通流量评估的准确性,可以将轨迹数据与其他数据源进行融合,例如,交通传感器数据包括路侧传感器、监控摄像头等,社会经济数据包括人口密度、商业活动等。数据融合的方法包括数据对齐、数据插值和多源数据融合模型的应用。

2. 实时交通流量监测

实时交通流量监测需要实时获取和处理轨迹数据,常用技术包括流数据处理框架,如 Apache Kafka、Apache Flink 等;实时数据库,如 TimescaleDB、InfluxDB 等。实时交通流量监测系统的架构通常包括数据采集层、数据处理层和数据展示层。

3. 交通流量预测

交通流量预测是交通管理的重要任务,通过预测未来的交通流量,可以提前采取措施缓解交通拥堵。常用的方法包括时间序列分析,如 ARIMA 模型(Autoregressive Integrated Moving Average Model,自回归积分滑动平均模型)、季节性分解等;机器学习方法,如回归分析、支持向量机、神经网络等;深度学习方法,如 LSTM(Long Short-Term Memory,长短期记忆网络)、GRU(gated recurrent unit,门控循环单元)等。通过多种方法的组合,可以提高交通流量预测的准确性和可靠性。

5.3 城市道路交通流量时空分析

城市道路交通流量的时空分析是一种重要的技术手段,它通过对道路交通流量在时间和空间上的变化进行分析,帮助城市交通管理部门制定更有效的交通管理策略和规划交通基础设施。本节将介绍城市道路交通流量时空分析的方法和技术,并通过实例演示如何应用这些技术进行分析。

5.3.1 城市道路交通流量时空分析方法

城市道路交通流量的时空分析方法有很多种,常用的方法有以下几种。

(1)热力图分析:通过绘制热力图来展示城市道路交通流量的分布情况,从而直观地了解交通拥堵的情况和交通流量的高峰时段。

(2)路段流量分析:对城市道路网络中的每个路段进行流量分析,统计每个路段的交通流量,发现交通拥堵的瓶颈路段。

(3)区域流量分析:将城市划分为不同的区域,统计每个区域的交通流量,分析不同区域之间的交通联系和交通流量分布规律。

(4)时间序列分析:对交通流量数据进行时间序列分析,发现交通流量的周期性变化和趋势性变化,预测未来的交通流量趋势。

5.3.2 实例演示

本书基于成都市出租车采集的 2014 年 8 月部分轨迹数据和成都市路网数据进行了道路流量的时空分析,通过数据预处理(包括数据清洗、地图匹配、输出结构标准化等),按照数据时间和空间特征,对目标路段的流量进行可视化及量化分析。示例 5.1 展示了 Python 编程语言实现基于轨迹大数据的道路流量统计与可视化。示例 5.2 展示了利用 Python 编程语言实现基于轨迹大数据的道路流量分析。

示例 5.1 基于轨迹大数据的道路流量统计与可视化代码示例

```
import pandas as pd
import geopandas as gpd
```

```python
import matplotlib.pyplot as plt
from shapely.geometry import Point
import numpy as np
import matplotlib.cm as cm
import matplotlib.colors as colors
from matplotlib.font_manager import FontProperties

# 设置中文字体支持
font=FontProperties(fname='C:\\Windows\\Fonts\\simhei.ttf')  # 修改路径为 Windows 系统中存在的字体文件

# Step 1:加载和转换道路网络数据至 EPSG:4326
print("Step 1:Loading and transforming road network data to EPSG:4326...")

road_network=gpd.read_file('成都 road\\chengdu_roadNet_Clip_4Ring_prj_new.shp')
road_network=road_network.to_crs(epsg=4326)

# 筛选出主干道(highway 为 primary)
primary_roads=road_network[road_network['highway']=='primary']

# 选择三条特定的主干道
selected_road_names=primary_roads['name'].unique()[:3]  # 选择前三个不同的道路名称
selected_roads=primary_roads[primary_roads['name'].isin(selected_road_names)]

# Step 2:使用 OD 数据统计选定主干道的交通流量
print("Step 2:Calculating traffic counts from OD data...")

# 加载 OD 数据
od_data=pd.read_csv('filtered_od_points.csv')

# 将 OD 数据转换为 Point 对象
od_data['o_geometry']=od_data.apply(lambda row: Point(row['o_longitude'],row['o_latitude']),axis=1)
od_data['d_geometry']=od_data.apply(lambda row: Point(row['d_longitude'],row['d_latitude']),axis=1)

# 将 OD 数据转换为 GeoDataFrame
od_gdf=gpd.GeoDataFrame(od_data,geometry='o_geometry',crs='EPSG:4326')

# Function to calculate traffic count for the selected road segments
```

```
def calculate_traffic_count(selected_roads,od_gdf,buffer_distance=0.001):
    traffic_counts={}
    for road_name in selected_roads['name'].unique():
        traffic_count=0
        road_segments=selected_roads[selected_roads['name']==road_name]
        for _,road_segment in road_segments.iterrows():
            buffered_line=road_segment.geometry.buffer(buffer_distance)   # 使用缓冲
区来扩展道路的范围
            for _,od_point in od_gdf.iterrows():
                if buffered_line.intersects(od_point['o_geometry']) or buffered_
line.intersects(od_point['d_geometry']):
                    traffic_count+=1
        traffic_counts[road_name]=traffic_count
    return traffic_counts

# 计算选定主干道的交通流量,使用缓冲区来包括附近的点
traffic_counts=calculate_traffic_count(selected_roads,od_gdf)

# Step 3:可视化路网,未统计的道路用淡灰色表示,选定的道路使用不同的颜色深浅表示流量
print("Step 3: Visualizing road network traffic...")
fig,ax=plt.subplots(figsize=(10,10))

# 设置坐标范围,放大到选定的主干道附近,并确保图像为正方形或接近正方形
x_min,y_min,x_max,y_max=selected_roads.total_bounds
x_range=x_max-x_min
y_range=y_max-y_min
max_range=max(x_range,y_range)

x_center=(x_min+x_max)/2
y_center=(y_min+y_max)/2

ax.set_xlim(x_center-max_range/2,x_center+max_range/2)
ax.set_ylim(y_center-max_range/2,y_center+max_range/2)

# 先绘制未统计的道路(淡灰色)
road_network.plot(ax=ax,color='lightgrey',linewidth=0.5)

# 绘制选定的主干道,使用不同颜色显示流量
norm=colors.Normalize(vmin=min(traffic_counts.values()),vmax=max(traffic_counts.
values()))
```

```python
cmap=cm.get_cmap('RdYlGn_r')   # 反转的绿色到红色渐变

for road_name in selected_road_names:
    road_segments=selected_roads[selected_roads['name']==road_name]
    traffic_count=traffic_counts[road_name]
    color=cmap(norm(traffic_count))
    road_segments.plot(ax=ax,linewidth=3,color=color,label=f"{road_name} (Count: {traffic_count})",alpha=0.7)

# 添加颜色条带
sm=cm.ScalarMappable(cmap=cmap,norm=norm)
sm.set_array([])
cbar=fig.colorbar(sm,ax=ax)
cbar.set_label('Traffic Count',fontproperties=font)

plt.title('Traffic Volume of Selected Primary Roads',fontproperties=font)
plt.xlabel('Longitude',fontproperties=font)
plt.ylabel('Latitude',fontproperties=font)
plt.legend(prop=font)
plt.show()

# 输出选定的主干道的名称和相应的交通流量
print("\nSelected primary roads and their traffic counts:")
for road_name,traffic_count in traffic_counts.items():
    print(f"Road Name: {road_name},Traffic Count: {traffic_count}")

# 文件路径和列名
file_path='chengdu_20140803_train.txt'
columns=['vehicle_id','latitude','longitude','status','timestamp']

# 分块读取数据并逐块处理
chunksize=100000   # 每次处理10万行数据
zscore_threshold=3   # Z-score 阈值,超过这个阈值的点视为异常点

# 存放处理后的数据
filtered_data=[]

# 逐块处理数据
for chunk in pd.read_csv(file_path,header=None,names=columns,chunksize=chunksize):
    # 计算每个点的 Z-score
```

```
chunk['latitude_zscore']=zscore(chunk['latitude'])
chunk['longitude_zscore']=zscore(chunk['longitude'])

# 根据 Z-score 过滤数据
filtered_chunk=chunk[(np.abs(chunk['latitude_zscore'])<=zscore_threshold) &
                    (np.abs(chunk['longitude_zscore'])<=zscore_threshold)]

# 将处理后的数据添加到结果中
filtered_data.append(filtered_chunk)

# 合并所有数据块
filtered_data=pd.concat(filtered_data)

# 绘制居民出行热力图
plt.figure(figsize=(10,8))
plt.hexbin(filtered_data['longitude'],filtered_data['latitude'],gridsize=200,cmap
='YlOrRd',bins='log')
plt.colorbar(label='log10(counts)')
plt.title('Resident Travel Heatmap')
plt.xlabel('Longitude')
plt.ylabel('Latitude')
plt.show()

print("\nProcess completed successfully!")
```

1. 特定路段的交通流量计算

如图 5.4 所示，本书通过选定特定路段的路网数据，通过计算路段包含的轨迹点数量进行了交通流量统计。可以根据实际调整需要计算交通流量的特定路段和道路数量，并进行流量统计。为了使路段的交通流量统计更加合理并更具有实用性，在进行道路流量统计时，本书将道路类型相同并且名称也相同的路段合并成一条道路进行流量统计。例如，"武侯大道双楠段"是由 41 条道路组成的，因此统计了这 41 条道路的所有流量，而不仅仅是统计单个路段的流量情况。

2. 特定路段的交通流量可视化

如图 5.5 所示，我们将特定路段的 3 条道路："人民南路四段""天府大道""武侯大道双楠段"进行了流量的可视化。利用不同程度的颜色条带来表示道路流量的多寡。道路流量高的区域用红色表示，道路流量低的区域用绿色表示。可以直观地看到特定路段的道路流量情况，"武侯大道双楠段"的交通流量显著高于"天府大道"和"人民南路四段"，这可能是多种原因综合影响下的结果。例如，"武侯大道双楠段"相较于"天府大道"和"人民南路四段"更靠近

```
Selected primary roads and their traffic counts:
Road Name: 人民南路四段, Traffic Count: 283
Road Name: 天府大道, Traffic Count: 241
Road Name: 武侯大道双楠段, Traffic Count: 1466
```

图 5.4　特定路段交通流量计算

中心城区,地理位置更占优势;其次,"武侯大道双楠段"附近可能存在写字楼、居民区、商业区等城市居民热点活动区域,这有助于我们分析成都市居民的出行行为与习惯;同时,"武侯大道双楠段"的交通流量数据高,能够帮助了解该路段的交通流量和车辆行驶路径,为进一步的交通管理和优化提供参考。

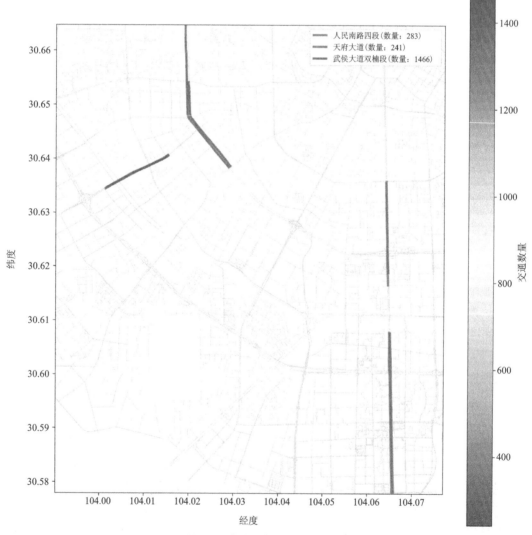

图 5.5　特定路段交通流量计算

3. 交通流量可视化

图 5.6 展示了利用交通轨迹数据绘制的交通流量热力图,通过颜色的深浅展示了不同区域的交通流量热度。横轴:经度,代表成都的东西方向分布。纵轴:纬度,代表成都区域的南北分布。右侧颜色条带:表示每个位置(由经纬度坐标决定)的数据点密度。使用了 cmap='YlOrRd',这意味着颜色从浅色到深色递增,表示数据密度的变化。颜色越深,表示该区域的居民出行频率越高。相反,浅色区域代表数据点密度较低,居民出行频率较低。颜色条带的标签 log10(counts):使用了 bins='log',这意味着颜色的变化是基于数据点密度的对数值(logarithmic scale)。log10(counts)表示数据点的密度经过了对数缩放。颜色条上的数值代表的是数据点数量的对数(以 10 为底)。这种缩放方式可以避免极端高密度区域压缩其他区域的信息,突出显示不同区域出行频率的对比。图 5.6 显示的是成都地区不同经纬度位置上居民出行的空间分布,颜色越深的区域表示该区域的出行人数更多,而浅色区域表示出行人数较少。

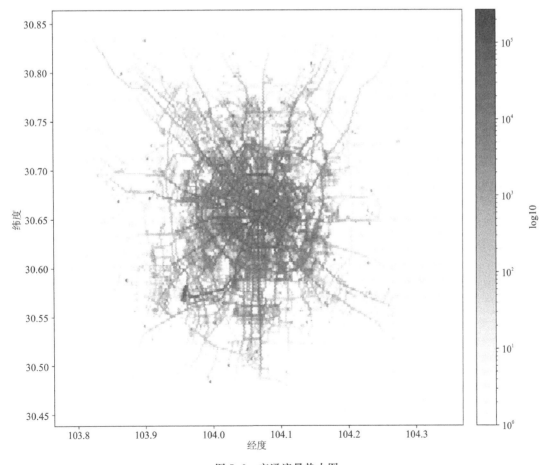

图 5.6 交通流量热力图

当处理大型轨迹数据时,经常会碰到计算效率过低,运行时间过长的问题。常用的解决方法是分块读取数据并逐块处理,本书使用 Pandas 分块读取轨迹数据文件。同时,由于数据中存在偏远点数据与漂移数据,为了使得图像更加美观,我们计算每个点的 Z-score 来识别并过滤偏远的点。按如下步骤进行了轨迹热度的可视化:①加载和预处理轨迹数据:将轨迹数据加载到 DataFrame 中,并进行必要的数据清洗和预处理。②计算每个点的 Z-score:对轨迹数据中的经纬度进行 Z-score 标准化,以识别出中心区域的点。③过滤偏远点:根据 Z-score 阈值过滤偏远的点,保留核心区域的密集点。④生成热力图:使用过滤后的数据生成居民出行的热力图。通过该图,可以直观地看到某些区域的流量特别高,而其他区域的流量较低。这有助于识别交通热点和低流量区域,便于交通管理和规划。

示例 5.2　基于轨迹大数据的道路流量分析代码示例

```
import os
import pandas as pd
import numpy as np
import matplotlib.pyplot as plt
import seaborn as sns
from sklearn.cluster import KMeans

# 文件路径
base_dir='D:\\研究生\\教师文件\\地理空间数据生成\\2023实习指导材料\\2023实习指导材料\\original data\\track\\交通赛数据_上'

# 文件列表
file_list=['20140803_train.txt','20140804_train.txt','20140805_train.txt']  # 请根据实际文件名更新

# 读取并合并所有文件的数据
data_list=[]

for file_name in file_list:
    file_path_full=os.path.join(base_dir,file_name)
    if os.path.exists(file_path_full):
        temp_data=pd.read_csv(file_path_full,header=None,names=['VehicleID','Latitude','Longitude','Status','Time'],nrows=20000)
        data_list.append(temp_data)
    else:
        print(f"文件 {file_path_full} 未找到,请检查文件路径和文件名。")

# 合并数据
data=pd.concat(data_list,ignore_index= True)
```

```python
# 转换时间格式
data['Time']=pd.to_datetime(data['Time'])

# 去除重复数据和缺失值
data=data.drop_duplicates()
data=data.dropna()

# 提取 OD 点
od_points=[]
for vehicle_id,group in data.groupby('VehicleID'):
    group=group.sort_values(by='Time')
    for i in range(1,len(group)):
        if group.iloc[i-1]['Status']==0 and group.iloc[i]['Status']==1:
            od_points.append(group.iloc[i])
        elif group.iloc[i-1]['Status']==1 and group.iloc[i]['Status']==0:
            od_points.append(group.iloc[i-1])
od_df=pd.DataFrame(od_points)

# 定义感兴趣的道路范围经纬度
lat_min,lat_max=30.5763,30.5787
lon_min,lon_max=104.0665,104.0725

# 筛选特定路段的轨迹数据
road_segment=data[(data['Latitude']>=lat_min) & (data['Latitude']<=lat_max) &
                  (data['Longitude']>=lon_min) & (data['Longitude']<=lon_max)]

# 可视化结果
plt.figure(figsize=(10,6))
plt.scatter(data['Longitude'],data['Latitude'],s=1,label='All data')
plt.scatter(road_segment['Longitude'],road_segment['Latitude'],s=10,c='red',label='Selected road segment')
plt.xlabel('Longitude')
plt.ylabel('Latitude')
plt.title('Traffic Flow on Selected Road Segment')
plt.legend()
plt.show()

# 按小时统计交通流量
od_df['Hour']=od_df['Time'].dt.hour
hourly_flow=od_df.groupby('Hour')['VehicleID'].nunique()
```

```
# 可视化不同时段交通流量
plt.figure(figsize=(10,6))
plt.plot(hourly_flow.index,hourly_flow.values,marker='o')
plt.title('Traffic Flow at Different Hours')
plt.xlabel('Hours')
plt.ylabel('Vehicle Numbers')
plt.grid(True)
plt.show()

# 特征工程
od_df['DayOfWeek']=od_df['Time'].dt.dayofweek
od_df['IsWeekend']=od_df['DayOfWeek'].isin([5,6]).astype(int)

features=od_df[['Hour','DayOfWeek','IsWeekend']]
labels=od_df['VehicleID']

# 热力图
hourly_flow_matrix=od_df.pivot_table(index='DayOfWeek',columns='Hour',values='VehicleID',aggfunc='nunique',fill_value=0)
plt.figure(figsize=(12,8))
sns.heatmap(hourly_flow_matrix,cmap="YlGnBu",annot=True,fmt=".0f")
plt.title('Hourly Traffic Flow Heatmap')
plt.xlabel('Hour of Day')
plt.ylabel('Day of Week')
plt.show()

# 聚类分析
from sklearn.cluster import KMeans
# 提取特征
time_flow['Hour']=time_flow['Time'].dt.hour
time_flow['DayOfWeek']=time_flow['Time'].dt.dayofweek

# 聚类分析
kmeans=KMeans(n_clusters=3,random_state=0).fit(time_flow[['Flow','Hour','DayOfWeek']])
time_flow['Cluster']=kmeans.labels_

# 可视化聚类结果
plt.figure(figsize=(12,8))
```

```python
sns.scatterplot(data=time_flow,x='Hour',y='Flow',hue='Cluster',palette='viridis')
plt.title('Traffic Flow Clustering')
plt.xlabel('Hour of Day')
plt.ylabel('Flow')
plt.legend(title='Cluster')
plt.show()

# 可视化各个时段的流量变化
plt.figure(figsize=(12,8))
for cluster in time_flow['Cluster'].unique():
    cluster_data=time_flow[time_flow['Cluster']==cluster]
    plt.plot(cluster_data['Time'],cluster_data['Flow'],marker='o',label=f'Cluster {cluster}')
plt.title('Traffic Flow Variation by Cluster')
plt.xlabel('Time')
plt.ylabel('Flow')
plt.legend()
plt.show()

# 按区域流量分析
# 将经纬度离散化
data['Lat_bin']=pd.cut(data['Latitude'],bins=50,labels=False)
data['Lon_bin']=pd.cut(data['Longitude'],bins=50,labels=False)

# 按区域和小时统计流量
region_hourly_flow=data.groupby(['Lat_bin','Lon_bin',data['Time'].dt.hour])['VehicleID'].nunique().reset_index()
region_hourly_flow.columns=['Lat_bin','Lon_bin','Hour','VehicleID']

# 可视化某些区域在一天中不同时段的流量变化
selected_regions=[(20,25),(30,35),(40,45)]  # 示例区域
plt.figure(figsize=(15,10))
for region in selected_regions:
    region_data=region_hourly_flow[(region_hourly_flow['Lat_bin']==region[0]) & (region_hourly_flow['Lon_bin']==region[1])]
    plt.plot(region_data['Hour'],region_data['VehicleID'],marker='o',label=f'Region {region}')
plt.title('Hourly Traffic Flow in Selected Regions')
plt.xlabel('Hour of Day')
```

```python
plt.ylabel('Vehicle Numbers')
plt.legend()
plt.grid(True)
plt.show()

# 定义网格参数
lat_bins=np.linspace(data['Latitude'].min(),data['Latitude'].max(),100)
lon_bins=np.linspace(data['Longitude'].min(),data['Longitude'].max(),100)

# 将经纬度离散化
data['Lat_bin']=pd.cut(data['Latitude'],bins=lat_bins,labels=False)
data['Lon_bin']=pd.cut(data['Longitude'],bins=lon_bins,labels=False)

# 按区域统计流量
region_flow=data.groupby(['Lat_bin','Lon_bin'])['VehicleID'].nunique().reset_index()
region_flow.columns=['Lat_bin','Lon_bin','Flow']

# 生成热力图
heatmap_data=region_flow.pivot('Lat_bin','Lon_bin','Flow').fillna(0)
plt.figure(figsize=(12,8))
sns.heatmap(heatmap_data,cmap="YlGnBu",cbar_kws={'label': 'Vehicle Numbers'})
plt.title('Geographical Traffic Flow Heatmap')
plt.xlabel('Longitude Bin')
plt.ylabel('Latitude Bin')
plt.show()

# 聚类分析
kmeans=KMeans(n_clusters=5,random_state=0).fit(region_flow[['Lat_bin','Lon_bin','Flow']])
region_flow['Cluster']=kmeans.labels_

# 可视化聚类结果
plt.figure(figsize=(12,8))
plt.scatter(region_flow['Lon_bin'],region_flow['Lat_bin'],c=region_flow['Cluster'],cmap='viridis',s=region_flow['Flow'],alpha=0.6)
plt.colorbar(label='Cluster')
plt.title('Geographical Traffic Flow Clustering')
plt.xlabel('Longitude Bin')
plt.ylabel('Latitude Bin')
```

```
plt.show()

# 聚类结果分析
cluster_summary=region_flow.groupby('Cluster')['Flow'].sum().reset_index()
plt.figure(figsize=(10,6))
sns.barplot(x='Cluster',y='Flow',data=cluster_summary)
plt.title('Total Traffic Flow by Cluster')
plt.xlabel('Cluster')
plt.ylabel('Total Flow')
plt.show()
```

4. 目标路段不同时段交通流量可视化

图 5.7 展示了目标路段按小时统计的交通流量情况。横轴(Hours)表示一天中的小时数,从 0 点到 23 点。纵轴(Vehicle Numbers)表示每小时经过特定路段的车辆数量。折线和点表示每个小时的交通流量。

图 5.7 清晰地展示了交通流量随时间的变化趋势。可以观察到交通流量在一天中的波动情况,例如,在早晚高峰时段(7 点半至 8 点、17 点左右和 21 点左右)流量较高,而凌晨时段流量较低。这有助于分析不同时段的交通负荷,制定合理的交通管理策略。

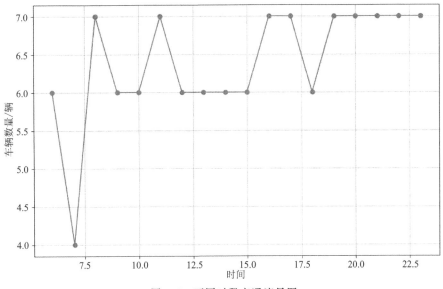

图 5.7 不同时段交通流量图

5. 交通流量时间热力图

图 5.8 展示了每周每天不同时段的交通流量分布情况。横轴(Hour of Day)表示一天中的小时数,从 0 点到 23 点。纵轴(Day of Week)表示一周中的天数,从周一到周日。右侧的颜色条带是图例(Legend),标注不同的簇(Cluster)。在代码中使用 label=f'Cluster {cluster}

′,表示不同的簇使用不同的深浅和标记(marker='o')来区分每个簇的流量变化趋势。每条线代表一个簇,不同簇的线有不同的灰度。颜色深浅表示交通流量的大小。颜色越深表示流量越大,颜色越浅表示流量越小。注释数字表示对应时段的具体流量值。

通过热力图,可以直观地了解一周内各个时间段的交通流量模式。可以发现工作日早晚高峰明显,而周末的交通流量相对较低。但是由于数据原因,我们只分析了3天的数据作为示例,数据对比没有非常明显,读者可以增加轨迹数据量以获得更加显著的交通流量的结果差异。2014年8月3日是周末,2014年8月4日和5日是工作日,能够明显看出3日的早晚高峰相较于4日、5日有显著推迟的现象。这表示,周末居民出行时间相较于工作日较晚,这有助于识别高峰时段和低谷时段,为交通管理提供依据。

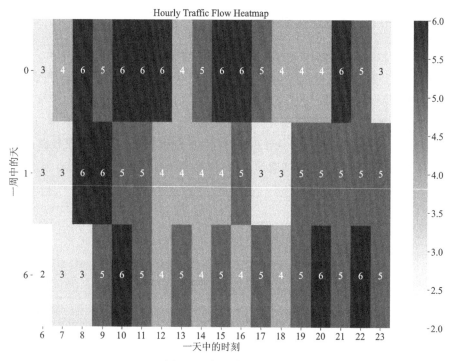

图5.8 交通流量热力图

6. 各时段交通流量变化

图5.9展示了不同聚类组在各个时间点的流量变化情况。横轴(Time)表示时间点。纵轴(Flow)表示交通流量。不同的线代表不同聚类簇的流量变化,每条线的标记均不相同以便区分。在图中为了方便区分不同聚类组之间的差异性,分别用圆圈,三角形以及正方形来标记三个不同聚类组的折线。每条线代表一个聚类组在各时间点的流量变化。

通过这张图,可以详细了解不同聚类组内的流量变化模式。例如,聚类组0在早晚高峰时段的流量明显增加,而其他聚类组可能在某些特定时段表现出特征性的流量变化。这有助于针对不同流量模式制定细化的管理措施。

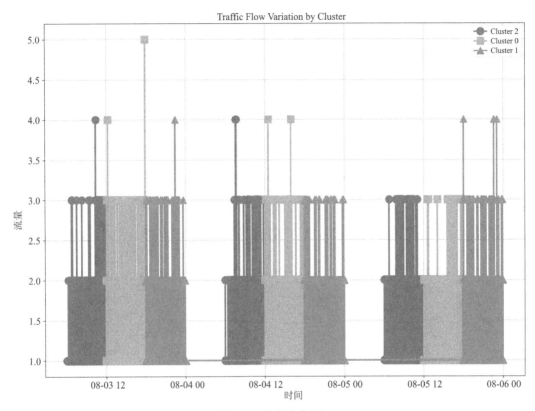

图 5.9 流量变化图

7. 区域流量对比分析

图 5.10 展示了不同区域在一天中不同时段的交通流量变化情况。横轴(Hour of Day)表示一天中的小时数,从 0 点到 23 点。纵轴(Vehicle Numbers)表示每小时的车辆数量。

不同的线代表不同区域的流量变化,每条线的标记均不相同以便区分。在图中为了方便区分不同区域流量变化,分别用圆圈,三角形以及正方形来标记三个不同区域的流量的折线。

通过这张图,我们可以观察到不同区域的流量模式存在明显差异。例如,Region 1 显示了明显的早晚高峰,尤其是在早晨 7-9 点和晚间 17-19 点,车辆数量显著增加,反映出该区域的高峰时段流量压力较大。Region 2 的流量则较为平稳,虽然在早晚高峰也有一定上升,但幅度不如 Region 1 明显。Region 3 的流量较低,且早晚高峰不太明显,显示出这一区域在交通流量上的相对低谷。

这张图帮助我们了解不同区域在不同时段的流量分布情况,有助于针对性地进行交通资源的合理调配,比如在流量高峰时段集中调度资源,而在流量较少的时段进行维护或优化。

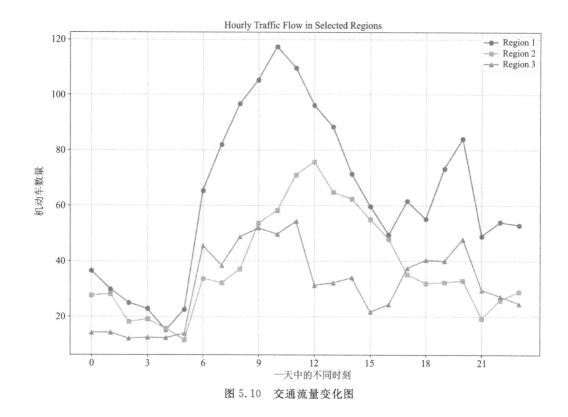

图 5.10 交通流量变化图

8. 区域流量聚类分析

图 5.11 展示了交通流量数据的聚类结果。不同颜色表示不同的聚类,每个点代表一个经纬度网格。颜色编码:每个颜色代表一个聚类。通过颜色,可以看到不同的区域被分配到不同聚类中,表示这些区域在流量特征上有相似性。点大小:点的大小表示该网格内的流量大小,点越大,表示该网格内的车辆流量越大。

通过该图,可以看到某些高流量区域被分配到同一个聚类,而低流量区域则可能被分配到另一个聚类。这有助于理解不同区域的流量特征,识别类似流量模式的区域,并为区域管理提供参考。

9. 流量聚类分析柱状图

图 5.12 展示了每个聚类的总交通流量。横轴(Cluster)表示聚类编号,从 0 到 4(假设使用了 5 个聚类)。纵轴(Total Flow)表示每个聚类的总车辆流量。条形高度:每个条形的高度表示该聚类中所有网格的流量总和。通过比较条形的高度,可以看到不同聚类的流量差异。

通过该图,可以清晰地看到哪些聚类的交通流量高,哪些低。本书使用了 5 个聚类来区分道路流量,能够看出聚类 0 和聚类 4 的流量显著高于其他聚类。这有助于识别流量集中或分散的模式,为交通规划和资源分配提供数据支持。

5 轨迹大数据应用2：道路交通流量分析

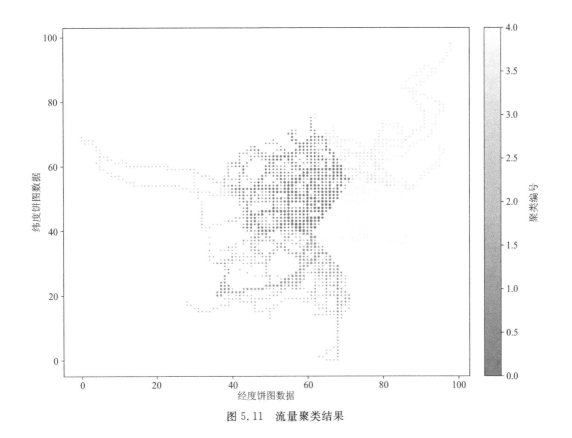

图 5.11 流量聚类结果

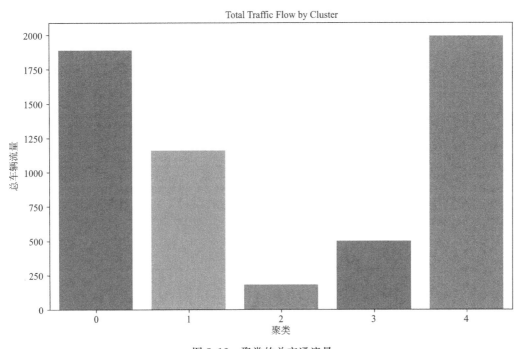

图 5.12 聚类的总交通流量

5.3.3 总结

城市道路交通流量时空分析是一种重要的技术手段,通过对交通数据的分析,可以帮助城市交通管理部门制定更有效的交通管理策略和规划交通基础设施。本章介绍了城市道路交通流量时空分析的方法和技术,并通过实例演示了如何应用这些技术进行交通流量分析。

主要参考文献

陈艳艳,李同飞,何佳,等,2020.新技术时代城市交通管理与服务研究发展展望[J].北京工业大学学报,46(6):621-629.

程静,刘家骏,高勇,2016.基于时间序列聚类方法分析北京出租车出行量的时空特征[J].地球信息科学学报,18(9):1227-1239.

付鑫,孙茂棚,孙皓,2017.基于GPS数据的出租车通勤识别及时空特征分析[J].中国公路学报,30(7):134-143.

高强,张凤荔,王瑞锦,等,2017.轨迹大数据:数据处理关键技术研究综述[J].软件学报,28(4):959-992.

李德仁,洪勇,王密,等,2021.测绘遥感能为智能驾驶做什么?[J].测绘学报,50(11):1421-1431.

李德仁,王树良,李德毅,等,2002.论空间数据挖掘和知识发现的理论与方法[J].武汉大学学报(信息科学版)(3):221-233.

李濛,何倩,李广明,等,2023.面向数字孪生城市的三维GIS基础软件技术创新及应用[J].上海城市规划(5):36-43.

刘经南,方媛,郭迟,等,2014.位置大数据的分析处理研究进展[J].武汉大学学报(信息科学版),39(4):379-385.

刘沛骞,王水莲,申自浩,等,2024.基于轨迹扰动和路网匹配的位置隐私保护算法[J].计算机应用,44(5):1546-1554.

刘瑜,肖昱,高松,等,2011.基于位置感知设备的人类移动研究综述[J].地理与地理信息科学,27(4):2,8-13,31.

刘瑜,姚欣,龚咏喜,等,2020.大数据时代的空间交互分析方法和应用再论[J].地理学报,75(7):1523-1538.

申悦,柴彦威,2012.基于GPS数据的城市居民通勤弹性研究——以北京市郊区巨型社区为例[J].地理学报,67(6):733-744.

孙吉贵,刘杰,赵连宇,2008.聚类算法研究[J].软件学报(1):48-61.

王迪,钱海忠,赵钰哲,2022.综述与展望:地理空间数据的管理、多尺度变换与表达[J].地球信息科学学报,24(12):2265-2281.

吴华意,黄蕊,游兰,等,2019.出租车轨迹数据挖掘进展[J].测绘学报,48(11):1341-1356.

吴瑞龙,何华贵,王明省,等,2021.城市地理空间大数据高性能计算关键技术综述[J].城市勘测(5):39-43.

徐晓伟,杜一,周园春,2017.基于多源出行数据的居民行为模式分析方法[J].计算机应用,37(8):2362-2367.

张青云,张兴,李万杰,等,2020.基于LBS系统的位置轨迹隐私保护技术综述[J].计算机应用研究,37(12):3534-3544.

周成,袁家政,刘宏哲,等,2015.智能交通领域中地图匹配算法研究[J].计算机科学,42(10):1-6.

周源,郑灿辉,刘禹鑫,2016.基于众包模式的地理信息采集开发与应用研究[J].测绘与空间地理信息,39(12):92-94.

周昀,丁峰,程添亮,2021.基于浮动车轨迹的城市出行分析与流量预测[J].黑龙江交通科技,44(11):144-147.

AHMED M,SERAJ R,ISLAM S M S,2020. The k-means algorithm:a comprehensive survey and performance evaluation[J]. Electronics,9(8):1295.

HU Y,LU B B,2019. A hidden markov model-based map matching algorithm for low sampling rate trajectory data[J]. IEEE Access,7:178235-178245.

MURTAGH F,CONTRERAS P,2012. Algorithms for hierarchical clustering:an overview[J]. Wiley Interdisciplinary Reviews:Data Mining and Knowledge Discovery,2(1):86-97.

SCHUBERT E,SANDER J,ESTER M,et al.,2017. DBSCAN revisited,revisited:why and how you should (still) use DBSCAN[J]. ACM Transactions on Database Systems (TODS),42(3):1-21.

SHENK J,LOHKAMP K J,WIESMANN M,et al.,2020. Automated analysis of stroke mouse trajectory data with traja[J]. Frontiers in Neuroscience,14:530-556.

WANG J,JI J,JIANG Z,et al.,2022. Traffic flow prediction based on spatiotemporal potential energy fields[J]. IEEE Transactions on Knowledge and Data Engineering,35(9),9073-9087.

XIA Z,LI H,CHEN Y,et al.,2019. Identify and delimitate urban hotspot areas using a network-based spatiotemporal field clustering method[J]. ISPRS International Journal of Geo-information,8(8):344.

YANG X,STEWART K,TANG L,et al.,2018. A review of GPS trajectories classification based on transportation mode[J]. Sensors,18(11):3741.

ZHANG Q,LI C,SU F,et al.,2023. Spatio-Temporal residual graph attention network for traffic flow Forecasting[J]. IEEE Internet of Things Journal,10(9):11518-11532.